Serenität –
Anleitung zum Glücklichsein

Elektra Wagenrad

6. Mai 2016

© 2016
Corinna "Elektra" Aichele
Vierte Auflage
ISBN 978-1-291-79615-5

WARNUNG VOR PSYCHOTISCHEN REAKTIONEN:

Bei manchen Personen kann es zu psychotischen Reaktionen oder Bewußtseinsstörungen kommen, wenn sie den Gedanken in diesem Buch ausgesetzt werden. Sollten beim Lesen dieses Buches Kopfschmerzen oder Anzeichen von psychischer Verwirrung oder innere Spannungsgefühle auftreten, so lesen Sie bitte nicht weiter. Die Autorin und Herausgeberin der Edition ›Operation Mindcrash‹ übernehmen keinerlei Verantwortung für materielle oder psychische Schäden, die durch den Inhalt dieser Publikation entstehen.

Wir ersuchen Sie eindringlich, nicht über den Inhalt dieses Buches nachzudenken. Lesen Sie es und nehmen Sie seinen Inhalt zur Kenntnis, aber denken Sie nicht darüber nach. Das verursacht erstens Kopfschmerzen und Verwirrungserscheinungen. Zweitens gehen die Chancen, dass Sie den Inhalt auf diese Weise verstehen, gegen Null. Es ist uns bewusst, dass wir es nicht wirklich verhindern können. Aber wir haben zumindest hiermit versucht, Sie zu warnen. Jegliches Nachdenken über den Inhalt dieses Buches geschieht auf eigene Gefahr!

Dieses Buch behandelt die Unmöglichkeit, Dinge zu begreifen, indem man versucht, sie sich selbst durch sprachliche Symbolik verständlich zu machen. Auch Baron Münchhausen vermochte sich nicht an den eigenen Haaren aus dem Sumpf zu ziehen.

Erkenne Dich selbst bedeutet nicht: Beobachte Dich. Beobachte Dich ist das Wort der Schlange. Es bedeutet: Mache Dich zum Herrn Deiner Handlungen. Nun bist Du es aber schon, bist Herr Deiner Handlungen. Das Wort bedeutet also: Verkenne Dich! Zerstöre Dich! also etwas Böses und nur wenn man sich sehr tief hinabbeugt, hört man auch sein Gutes, welches lautet: »um Dich zu dem zu machen, der Du bist.«

Franz Kafka

Inhaltsverzeichnis

1 Vorrede 7
    1.0.1 Das Lebern der Leber 7
    1.0.2 Das Gehirnen des Gehirns 8

2 Nachdenken, was andere vordenken 11

3 Die zehn Grundthesen dieses Buches 27

4 Was ist Bewusstsein? 31
    4.0.1 Wenn die Prophezeihung versagt 38
    4.0.2 Orwell'sches Doppeldenk 40
    4.0.3 Diskurs über das Glück 41
    4.0.4 Das Individuum und sein Eigentum 46
    4.0.5 Der Semmelweis-Reflex 50
    4.0.6 Die wahren Gläubigen 55
    4.0.7 Von der Schwierigkeit mit berechtigter Kritik umzugehen 55
    4.0.8 Alles in bester Ordnung 57

5 Sind Selbstgespräche lautes Denken? 61
    5.0.1 Sprache und Denken 66
    5.0.2 Flow 67
    5.0.3 Der Bewusstseinsstrom im präfrontalen Cortex . 69
    5.0.4 Neuro-Enhancements 71
    5.0.5 Die Stimmen der Götter als imaginäre Freunde . 77
    5.0.6 Der Mensch redet mit sich selbst allein 79

6 Serenität 85
6.0.1 Gehirnwäsche 89
6.0.2 Break on through to the other side 91
6.0.3 Willkommen in der Matrix – in meiner Matrix . 92
6.0.4 Abschied von der Gehirnwäsche 94
6.0.5 Abschied von Hofstadters seltsamer Schleife ... 95
6.0.6 Warum haben wir zuerst mit diesem inneren Monolog oder Dialog angefangen? 102
6.0.7 Beende das Programm und schaff' Dir kein neues an 110

7 Anleitung zum Glücklichsein 119

Kapitel 1

Vorrede

1.0.1 Das Lebern der Leber

Angenommen, Du wärst in einer Zeit, als Du klein warst und man Dir deshalb noch leicht Dinge weis machen konnte, in die Hände von Verrückten geraten, die Dir eingeredet hätten, dass Du Dich willentlich um die Tätigkeit Deiner Leber kümmern musst, weil das Organ sonst seine Arbeit vernachlässigt und sich Dein Körper selbst vergiften würde.

Nehmen wir weiter an, dass in Deiner Umwelt alle Menschen das so sehen und regelmäßig ihrer Leber gut zureden, um sie an ihre Funktion zu erinnern, damit sie nicht faul wird und die Dinge schleifen lässt.

Kaum jemand stirbt in Deiner Umwelt daran, dass die Leber ihrer Pflicht nicht nachkommt. Man sieht also, dass es funktioniert, wenn man seiner Leber gut zuredet und alle machen weiter so und geben ihre Erkenntnis an ihre Kinder weiter. Und es geht auch schon seit vielen Generationen so.

Doch dann begegnest Du eines Tages einer fröhlich drein schauenden Person am Tresen einer Bar, die Dir sagt, dass man sich willentlich um die Tätigkeit seiner Leber kümmern soll, sei überflüssiger Quatsch und dass die Leber das was sie macht von ganz alleine tut und dass man sich viel wohler fühlt, wenn man sich um die Funktion seiner inneren Organe überhaupt keine Sorgen macht. Und sollte man wirklich Grund haben sich Sorgen um die Tätigkeit eines seiner inneren Organe zu machen, sollte man zu einem Arzt gehen, aber nicht zu einem Arzt von der Sorte, die einem empfiehlt mit der eigenen Leber zu reden.

»Was für ein dummer Mensch das ist«, denkst Du. »Ich würde mich ja selbst vergiften, wenn ich mich nicht darum kümmern würde, dass meine Leber ihrer Arbeit nachkommt.« Und mit der Gewissheit, dass Du Recht hast, weil alle Menschen, die Du kennst und von denen Du jemals gehört hast, das schon immer so gemacht haben, erwiderst Du:

»Warum erzählst Du mir einen derartigen Unsinn?! Ich weiß genau, dass Du Dich um die Tätigkeit Deiner Leber sorgst, sonst wärst Du doch schon längst tot.«

Aber die Person, die Dir gegenüber steht, weist mit beiden Händen auf sich selbst und sagt: »Ich versichere Dir, dass ich das schon seit Jahrzehnten nicht tue und wie Du siehst erfreue ich mich bester Gesundheit.«

Nun fällt Dir ein, dass es Zeit für Dich ist, nach Hause zu gehen, weil morgen ein anstrengender Tag vor Dir liegt. Während Du die Bar verlässt, fragst Du Dich, was für einem sonderbaren Menschen Du gerade begegnet bist.

1.0.2 Das Gehirnen des Gehirns

Angenommen, Du wärst in einer Zeit, als man Dir noch leicht Dinge weis machen konnte, in die Hände von Irren geraten, die Dir eingeredet hätten, dass Du Dich willentlich um die Tätigkeit Deines Gehirns kümmern musst.

Nehmen wir weiter an, dass in Deiner Umwelt alle Menschen das so sehen und regelmäßig ihrem Gehirn gut zureden, damit es nicht faul wird und seine Pflichten vernachlässigt.

Kaum jemand leidet in Deiner Umwelt darunter, dass das Gehirn seiner Pflicht nicht nachkommt. Man sieht also, dass es funktioniert, wenn man dem Gehirn bei seiner Arbeit gut zuredet und ihm sagt, was es denken soll. Alle machen das und geben ihre Erkenntnis an ihre Kinder weiter. Und es geht auch schon seit vielen Generationen so.

Doch dann begegnest Du eines Tages einer fröhlich drein schauenden Person am Tresen einer Bar, die Dir sagt, dass man sich willentlich um die Tätigkeit seines Gehirns kümmern soll, sei überflüssiger Quatsch und dass das Gehirn das Verarbeiten von Informationen von ganz alleine erledigt und dass man sich viel wohler fühlt, wenn man sich um die Funktion seiner inneren Organe überhaupt keine Sorgen macht. Und sollte man wirklich Grund haben, sich Sorgen um die Tätigkeit seiner inneren Organe zu machen, sollte man zu einem Arzt gehen, aber nicht zu einem Arzt von der Art, die einem empfiehlt mit dem eigenen Gehirn zu reden.

»Was für ein dummer Mensch das ist«, denkst Du. »Ich wäre ja lebensunfähig, wenn ich mich nicht darum kümmern würde, was mein Gehirn denkt.« Und mit der Gewissheit, dass Du Recht hast, weil alle Menschen, die Du kennst und von denen Du jemals gehört hast das schon immer so gemacht haben, erwiderst Du:

»Warum erzählst Du mir einen derartigen Unsinn?! Ich weiß genau, dass Du Dich um die Tätigkeit Deines Gehirns sorgst, sonst wärst Du doch schon längst tot, weil man lebensunfähig ist, wenn man nicht denkt.«

Aber die Person, die Dir gegenüber steht, weist mit beiden Händen auf sich selbst und sagt: »Ich versichere Dir, dass ich schon seit Jahrzehnten aufgehört habe auf diese Weise zu denken, die Tätigkeit meines Gehirns zu beobachten und willentlich zu kontrollieren. Ich lasse mich von der spontanen, unbeobachteten und unkontrollierten Tätigkeit meines Gehirns leiten, ich folge einfach meinem Gefühl und höre in meinem Kopf gar keine Stimme, die mir sagt, was richtig ist – und wie Du siehst fühle ich mich wohl, bin gut gelaunt und habe keine Probleme. Alles was ich tue und erlebe ist in einem Fluss.«

Nun fällt Dir ein, dass es Zeit für Dich ist nach Hause zu gehen, weil morgen ein anstrengender Tag vor Dir liegt. Während Du die Bar verlässt, fragst Du Dein Gehirn, was für einem sonderbaren Menschen Du gerade begegnet bist.

Rosa Elefanten

Aus dem Buch »Anleitung zum Unglücklichsein« von Paul Watzlawick stammt diese kleine Geschichte:

Ein Mann klatscht alle zehn Sekunden in die Hände.

Ein Kind fragt ihn: »Was machst Du da?«

»Ich klatsche, um die großen rosa Elefanten zu vertreiben«, sagt der Mann.

»Aber hier gibt es doch gar keine rosa Elefanten«, sagt das Kind.

Der Mann erwidert mit einem zufriedenen Lächeln: »Du siehst also, dass es funktioniert.«

Kapitel 2

Nachdenken, was andere vordenken

»Einfach mal morgens aufwachen und den ganzen Tag über nichts und niemand nachdenken, völlige innere Ruhe haben, bis man nachts einschläft – und sich dann am nächsten Tag entscheiden, ob man den neuen Tag vielleicht genau so verbringen will.«

Als Reaktion auf den oben stehenden Gedanken, den ich im sozialen Netzwerk ›Twitter‹ veröffentlicht habe, wurde ich gefragt, ob es denn überhaupt möglich sei, einen derartigen Bewusstseinszustand für längere Zeit zu erleben und wie man das erreichen kann. Andere wiederum empörten sich, es könne doch nicht der Sinn des Lebens sein, ein bewusstloser Zombie zu werden. Nun, letzteres ist ein Missverständnis – nichts liegt dem Ansinnen hinter diesen Worten ferner.

Sind wir nicht viel eher heute von bewusstlosen Zombies umgeben, die die Tätigkeit ihres Gehirns an die gesellschaftlichen Verhältnisse angepasst haben und ihr Bewusstsein im Sinne ihrer Herren kontrollieren, die auf Brot und Spiele, Zuckerbrot, Peitsche und allgemeine Verblödung setzen? Wer noch nicht gemerkt hat, dass es sich bei der ›Exzellenzinitiative‹ der Bundesregierung um eine Absenkung des allgemeinen akademischen Bildungsniveaus handelt, tut mir leid. Glaubt

12 KAPITEL 2. NACHDENKEN, WAS ANDERE VORDENKEN

man der Marktforschung, sehen die meisten Zuschauer in Deutschland heutzutage im Fernsehen lieber alberne Reality-Shows auf RTL und ProSieben. Der Marktanteil von ARTE liegt in Deutschland bei 0,75 Prozent. Daraufhin wurde bei ARTE beschlossen, das intellektuelle Niveau des Programms zu senken, damit der Sender populärer wird. Ich fürchte, dass ich dieses Buch für eine verschwindend kleine Minderheit verfasst habe.

Es geht vielmehr darum, einen Zustand innerer Ruhe und mentaler Anstrengungslosigkeit zu erreichen, in dem das Gehirn im Vergleich zum Alltagsdenken entspannter, kreativer und zu tieferen Erkenntnissen fähig ist, um sich von der bereits stattgefundenen Zombifikation wieder zu befreien. Es geht auch und vor allem darum, man selbst zu sein. Um dahin zu kommen, müssen wir uns darüber bewusst werden, dass wir gelernt haben, uns selbst zu manipulieren, oder dass wir von anderen manipuliert werden. Die Gesellschaft erwartet von uns eine bestimmte Art der Anpassung. Unser Umfeld erwartet, dass wir so sind, wie es erwartet wird.

Ein Beispiel: Ein gleichgeschlechtliches Paar, das händchen-haltend durch einen Park in Moskau geht, verstößt gegen das russische Gesetz gegen ›homosexuelle Propaganda‹. Es wird also von der russischen Gesellschaft Druck auf gleichgeschlechtliche Paare ausgeübt, ihr Verhalten aus Angst vor Repression selbst zu zensieren. Gleichgeschlechtliche Liebe wird in der russischen Gesellschaft mit Pädophilie gleichgesetzt. Viele Russen behaupten sogar, Homosexualität sei gegen die Natur. Das ist pervers. Bei mehr als 1500 Tierarten ist Homosexualität gang und gäbe. Angst vor gleichgeschlechtlicher Liebe gibt es dagegen nur bei einer bestimmten Gattung von nackten, zweibeinigen, aufrecht gehenden Trockennasenaffen.

Ohne dass wir es merken, reden wir mit uns selbst, z.B. um rauszukriegen, was zu tun ist oder wie man sich im Alltag benimmt. Wir stellen uns dabei ein imaginäres Gegenüber vor, das verschiedene Rollen spielt, ohne dass uns dieser Umstand irgendwie bewusst wäre. In der Rolle dieses imaginären Gegenübers versuchen wir auf sinnvolle Weise zu uns selbst zu sprechen, auch wenn es gefährlicher Unfug ist, wenn man diese Selbstgespräche wirklich ernst nimmt. Als Kinder haben wir dabei zuerst die Rolle unserer Eltern gespielt, wenn wir uns in einem Moment der Einsamkeit und Hilflosigkeit elterlichen Rat herbeigewünscht haben. Es kann aber auch sein, dass wir uns vor der strafenden Autorität unserer Eltern gefürchtet haben und ihren Willen auf diese Weise verinnerlicht haben. Psychologen bezeichnen dieses autokommunikative Verhalten, bei der eine Person in der Rolle einer fremden Person zu sich selbst spricht (Roletaking), als instruktive Selbstgespräche. Bei einem instruktiven Selbstgespräch können sprachliche Informationen von Dritten erinnert, wiederholt und dekodiert werden, was die unterschiedlichsten Reaktionen auslösen kann. Eine Rolle dieses imaginären Gegenübers ist das Gewissen, oder ›Über-Ich‹, wie es Sigmund Freud nannte.

Mithin beharrt aber jeder und jede auf sich, d.h. wir wollen auch und vor allem in unserer eigenen Rolle mit uns selbst reden und vielmehr unsere eigene Persönlichkeit sein. Wir haben uns in unserer späten Kindheit ein eigenes, ideales Selbstbild als Rolle unseres imaginären Gegenübers zu eigen gemacht. In dieser Rolle, der Rolle unseres Egos oder Ichs sprechen wir seit unserer späteren Kindheit zu uns selbst. Diese innere Stimme verwechseln wir mit bewusstem Nachdenken, ohne uns klarzumachen, dass Gespräche in unserem Kopf gar kein eigenes Denken darstellen, sondern nur ein eingebildetes ›Denken‹ sind. Wir sind nicht die Stimme in unseren Köpfen, mit der wir gelernt haben, so mit uns zu sprechen, wie wir oder andere sich das vorstellen. Statt der selbstständigen Arbeit unseres Denkorgans zu vertrauen, klappern wir bei wichtigen Entscheidungen im Vorderlappen des Großhirns, dem präfrontalen Cortex, mit ein paar alten abgenagten Knochen und halten diese Geräuschkulisse für einen unverzichtbaren Aufwand, um weiterzukommen. Wenn wir nicht mehr weiter wissen, dann lassen wir uns keine Zeit dafür, die Lösung zu finden. Stattdessen fragen wir ungeduldig bei unserem Gehirn nach Ergebnissen an, um die Denkprozesse zu ›beschleunigen‹. Ein afrikanisches Sprichwort sagt, dass das Gras auch dann nicht schneller wächst, wenn man daran zieht.

In Wirklichkeit ›denken‹ wir mit angezogener Handbremse. Die Mehrheit der Leute sitzt in einem mentalen Käfig und ist damit glücklich, dass ihnen andere sagen, was sie zu ›denken‹ haben. Sie sprechen lieber das in ihren Köpfen nach, was sie von anderen gesagt bekommen. Diese instruktiven Selbstgespräche sind ein psychologisches, philosophisches und soziologisches Phänomen, das bislang kaum untersucht ist. Die Hierarchie (von lat. ›Heilige Führung‹) ist die Herrschaft der Gedanken, die Herrschaft des Geistes.

»Ja, die fixe Idee, das ist das wahrhaft Heilige!« – Max Stirner

Wer sich vor sich selbst fürchtet, die eigenen genuinen Intuitionen und Gefühle verachtet und Angst davor hat, sich dem unkontrollierten, unbeobachteten, selbständigen, unbewussten und unwillkürlichen Denken seines Gehirns anzuvertrauen, ist das Opfer einer Gehirnwäsche geworden. Wer das einfach so hinnimmt, ist verloren. Es gibt keine echten Gefühle mehr, alle Empfindungen sind verdreht oder gefiltert.

Das Geheimnis des Lebens, des Universums und von dem ganzen Rest begreift man nicht dadurch, indem man laut oder in Gedanken mit sich selbst darüber spricht. Im Gegenteil – wer mechanistisch denkt, indem er Selbstgespräche führt und die eigenen Worte als Werkzeuge des Denkens betrachtet, schliesst alles, was er nicht sagen kann aus seinen ›Denkprozessen‹ aus.

»Die Wahrheit ist ein Land ohne Strassen, Pfade und Wege.«
– Jiddu Krishnamurti

Wir brauchen eine Revolution in den Köpfen. Wir sollten aufhören, auf diese Weise zu ›Denken‹ und unsere Gehirne in Ruhe ihre Arbeit machen lassen. Helfen Sie bitte ein kleines bisschen mit, die Welt zu retten, damit wir nicht in einer Idiotokratie dahinvegetieren müssen. Lassen wir unsere Gehirne selbständig arbeiten und hören wir auf, darüber nachzudenken.

Wenn man sich die Selbstgespräche spart, befreit man sich dagegen von bewussten und unbewussten Manipulationen und man gelangt außerdem in einen heilsamen und befreienden Zustand der inneren Ruhe. Dieser Zustand des persönlichen Glücks ist der Kern von vielen Philosophien. Im Buddhismus, Alevitismus, Jainismus, Hinduismus, Daoismus und in der westlichen Esoterik wird von einem erhabenen Bewusstseinszustand gesprochen. Er wird als Erwachen, Erleuchtung, Erkenntnis, Einheit beschrieben. Im Buddhismus heisst er ›Bodhi‹, was ›Erwachen‹ bedeutet, daher der Ehrentitel Buddha (der Erwachte) für die historische Person des bekannten Buddha Siddhartha Gautama. Das Kernziel der buddhistischen Philosophie ist das dauerhafte Erreichen von Bodhi. Im Pali-Kanon der Lehre zur Erlangung des Bodhi, der ältesten erhaltenen Überlieferung von Siddhartha Gautama, wird die Ansicht vertreten, dass dieser erhabene Zustand der Grundzustand des menschlichen Bewusstseins ist, der aber durch ›die Trübungen des Geistes‹ verdunkelt wird. Die Zen-Buddhisten verwenden anstelle von Bodi den japanischen Begriff ›Satori‹ und meinen damit einen erhabenen Bewusstseinszustand, der nicht durch einen denkenden Intellekt beschränkt wird, der beständig die Dinge einzuordnen und zu klassifizieren versucht. Im Hinduismus ist ›Samadhi‹ die völlige Ruhe des Geistes, die höchste Stufe der Weisheit. Und die Daoisten sagen: »Um zu deinem wahren Sein zurückzukehren, musst du ein Meister der Stille werden.«

Islam, Judentum und Christentum streben, im Gegensatz zu diesen traditionellen östlichen Philosophien, nicht nach einem erhabenen Bewusstsein durch die Meisterschaft der inneren Stille, der Einswerdung von Körper und reinem Geist. Sie hoffen stattdessen auf die Vereinigung mit ihrem singulären Gott. Doch auch in den drei monotheistischen Religionen gibt es zumindest Strömungen, die sich dem Erlangen des tiefen Erwachens, der stillen inneren Glückseligkeit widmen, auch wenn sie kaum Bedeutung haben.

Um allzu leicht aufkommenden Mißverständnissen aus dem Weg zu gehen, muss ich an dieser Stelle wohl erklären, dass es in diesem Buch nicht um Mystik, Metaphysik, spirituelle Erlösung oder dergleichen geht, sondern um praktische, materialistische Philosophie oder Psychologie, auch wenn ich den Begriff Psychologie nur mit Vorbehalt und einem Gefühl von Unbehagen verwende.[1]

Was diesen erhabenen Bewusstseinszustand des tiefen inneren Erwachens angeht, so mag sich jetzt die Frage stellen, ob es ihn tatsächlich gibt, oder ob er nur eine Legende ist – ein Topf mit Gold am Ende des Regenbogens. Vielleicht waren die Menschen, welche die Lehren des Buddhismus, Daoismus undsoweiter in die Welt gesetzt haben, nur Scharlatane, die die Dummheit und Leichtgläubigkeit anderer Menschen ausgenutzt und sie mit psychologischen Tricks manipuliert haben, um daraus Vorteile zu gewinnen?

Das ist eine berechtigte Frage. Wenn man aber einen solchen Glücksmoment tiefer innerer Stille zumindest einmal im Leben gekostet hat, stellt sich die Frage nicht mehr. Es stellt sich vielmehr die Frage, wie man diese Erfahrung wieder erreichen und ausdehnen kann.

Mentale Anstrengungslosigkeit ist das diametrale Gegenteil des typischen Alltagsdenkens, mit dem die meisten Menschen jeden Tag beschäftigt sind. Wir haben im Laufe unserer Erziehung gelernt, dass Denken eine innere Anstrengung unseres ›Intellekts‹ ist, dass tiefes Denken

---

[1]Der Begriff Psychologie kommt von dem griechischen Begriff ›Psyche‹, der ›Atem‹ oder ›Hauch‹ bedeutet. Dem christlichen Schöpfungsmythos zufolge wurde Adam (hebräisch ›Mensch‹ von Gott aus Lehm erschaffen, danach wurde ihm der Geist Gottes als Lebensatem eingehaucht, um den Lehmklumpen zum Leben zu ›erwecken‹. Der Lebensgeist oder -hauch, der in der Bibel ›Odem‹ genannt wird, ist ein animistisches, kosmologisches Modell, das erklären soll, was lebendige Materie von toter Materie unterscheidet. Diese Glaubensvorstellung ist wesentlich älter als das Christentum. Die Psychologie ist, zumindest dem Namen nach, die Kunde über die Natur dieses von Gott, Geistern oder Göttern der toten Materie eingehauchten inneren Lebensatmens.

›geistige Schwerstarbeit‹ erfordert, so als sei das Gehirn ein willentlich ansteuerbarer Muskel, der durch unsere Willensanstrengung zur Aktivität oder Nichtaktivität angehalten werden möchte. Interessanterweise haben wir für die selbständige, autonome Tätigkeit des Gehirns in der deutschen Sprache kein eigenes Wort. Wenn wir »Denken« sagen, meinen wir die Tätigkeit eines Phänomens, das wir ›Geist‹, ›Intellekt‹ oder ›Bewusstsein‹ nennen. Der Schauplatz, an dem sich dieses Phänomen ereignet, ist zwar unser Gehirn – aber nicht das Gehirn, sondern das Phänomen ›Geist‹ wird als Akteur des Denkens angesehen. So wird das Gehirn in dem ausführlichen Artikel der deutschen Wikipedia über ›Denken‹ eher beiläufig erwähnt: Das Wort ›Gehirn‹ kommt in dem gesamten Artikel nur ein einziges Mal in dem Wort ›Gehirnforschung‹ vor.

Das Gehirn wird nur als Ort, als Schauplatz und Trägersubstanz des Denkens gesehen, so als brauche unser wichtigstes Organ eine helfende Hand, um zu funktionieren. Diese Rolle übernimmt angeblich das Phänomen des ›Intellekts‹. Ich halte das für einen Wahn. Der Philosoph Douglas Hofstadter sieht das Phänomen des ›Intellekts‹ als ›seltsame [Kommunikations-]Schleife‹ in der das Gehirn sich selbst mit einem unerschöpflichen Vorrat an sprachlichen Symbolen bespiegelt. Diesen Prozess, der offensichtlich in den Sprache verarbeitenden Regionen des Gehirns stattfinden muss, sieht Hofstadter als Quelle unseres Bewusstseins. Wir benutzen nur einen Teil unseres Gehirns für Selbstgespräche, der Rest ist gelangweilt.

Geht es um die Funktion unserer Nieren, so ist uns allen klar, dass die Tätigkeit unserer Nieren von den Nieren selbständig ausgeführt wird, und nicht das Werk von einem Geist oder mehreren Geistern ist, die angeblich in den Nieren wohnen. Dagegen sind wir es gewohnt, das Phänomen des ›Geistes‹ ganz selbstverständlich als einzigen Verursacher der Intelligenzleistungen unseres Gehirns zu betrachten, der in unserem Gehirn wohnt und mit den Informationen, Gefühlen und Bedürfnissen schaltet und waltet. Diese ›geistige Arbeit‹ unseres ›Intellekts‹ glauben wir ständig durch eine Anstrengung im Kopf leisten zu müssen. Manchmal, wenn wir grübeln, wissen wir zwar, dass uns das nichts mehr einbringt, weil wir uns gedanklich im Kreise drehen und es besser wäre, jetzt zu schlafen, aber wir kommen innerlich nicht zur

18 KAPITEL 2. NACHDENKEN, WAS ANDERE VORDENKEN

Ruhe und können kaum Schlaf finden. Wer kennt das nicht?

Wir halten die Tatsache für unser Bewusstsein, dass wir uns selbst Fragen stellen. In dieser Anstrengung gleichen wir einem Marathonläufer, der ständig hektisch durch die Gegend rennt, solange ihn nicht der Schlaf übermannt. Schon in unseren Träumen am Morgen beginnen unsere Gedanken wieder um Themen zu kreisen, bevor wir noch richtig aufgewacht sind. Unsere innere Sprache ist wie ein Tonbandgerät, dessen Spulen sich ewig drehen, solange wir bei Bewusstsein sind. Dieser Bewusstseinszustand ist aber nicht ›alternativlos‹.

Auch wenn wir uns dessen vielleicht nicht bewusst sind, meinen wir uns selbst ständig steuern, beherrschen, beobachten und kontrollieren zu müssen. Diese Überzeugung hat sich in uns während des Prozesses gebildet, den US-amerikanische Soziologen und Psychologen »Enculturation« nennen. Enkulturation bedeutet, dass das Bewusstsein einer Person durch Gesellschaften geformt wird, die von ihren Individuen normative Anpassung verlangen. Durch Indoktrination, Belohnung oder Strafen wird das Verhalten, die Wertmaßstäbe und das Bewusstsein eines Individuums bestimmt. Mit anderen Worten: Bei dem Prozess der Ausbildung einer von restriktiven Gesellschaften modellierten ›Persönlichkeit‹ handelt sich um eine allgemein akzeptierte Form der Gehirnwäsche, die der Anpassung des Individuums an die jeweilige gesellschaftliche Hierarchie dient.

Der Kern dieser Gehirnwäsche ist es, das Denken als eine innere, absichtsvolle Anstrengung zu begreifen, die einem ›freien Willen‹ unterworfen ist. Das ist absurd. Wir müssen uns nicht durch eine bewusste Anstrengung unseres ›Intellekts‹ um die Funktion unserer inneren Organe kümmern. Gilt das für unsere Leber, Milz, Herz, Nieren und so weiter, so gilt das erst recht für unser wichtigstes inneres Organ, das Gehirn. Wir müssen unser Gehirn nicht durch eine bewusste Anstrengung unseres ›Intellekts‹ kontrollieren, steuern, beeinflussen, beobachten, bestrafen, überzeugen, überreden. Sollen wir etwa annehmen, dass wir die Tätigkeit unseres Gehirns willentlich lenken und kontrollieren müssen? Das wäre doch absurd, und wer könnte das überhaupt leisten? Und wer oder was ist dann die eigentliche Quelle oder der Urheber dieser ›freien Willensanstrengung‹, die das Gehirn steuert? Es ist die verinnerlichte Fremdbestimmung der sozialen Normen, die sich als ›freier Wille‹ tarnt. Die Stimme in unserem Kopf, mit der wir gelernt haben, uns zu sagen, was wir tun und denken sollen, ist nicht ein Indiz für unsere Individualität, sondern der Beweis für unsere Anpassung an gesellschaftliche Normen. Unsere Gedanken binden uns ein in eine Hierarchie, in der der ›Geist‹ herrscht. Die innere Stimme ist ein Werkzeug zur Manipulation des individuellen Bewusstseins. Die, die nicht wissen, was sie tun, manipulieren sich selbst im Sinne anderer. Ich möchte aber nicht der Idee Vorschub leisten, dass irgendjemand in der Weltgesellschaft an einem geheimen Ort alle Fäden in der Hand hält. Auch die Mächtigen dieser Welt sind in gesellschaftliche Zwänge eingebunden. So sind wir alle Sklaven einer fixen Idee, die sich verselbständigt hat. ›Der Geist beherrscht den Körper‹ und die Gesellschaft beherrscht – zumindest aber beeinflusst – uns durch die Idee des ›Geistes‹. Unsere innere Stimme ist ein Werkzeug zur Manipulation unseres Verhaltens und unserer Wahrnehmung.

> »It is no measure of health to be well adjusted to a profoundly sick society.[2]« – Jiddu Krishnamurti

Der Gedanke, dass das Gehirn so ganz unkontrolliert und unbeobachtet von dem, was wir für unseren Willen halten, seiner Arbeit nachgeht, wie alle anderen inneren Organe, behagt uns nicht. Warum nicht?

Wir leben in einer Gesellschaft, in der die Verrückten den Ton angeben. Um sich ihren willkürlichen Normen, Regeln, Gesetzen und Vorstellungen anzupassen, denken wir wie Verrückte. Wir machen alle mit in einem verrückten Theaterstück. Solange wir mitmachen sind wir Teil der Gedankenwolke, in der wir uns alle kollektiv Illusionen hingeben, die uns von der Hierarchie verordnet werden. Eigentlich sind wir von dem Treiben tödlich gelangweilt. Im Krieg weicht die tödliche Langeweile dem Töten. Das sorgt vorübergehend für Abwechslung vom Alltag. Bis auch das Töten Alltag wird und die Köpfe bluten. Dann holt

---

[2] Es ist kein Maßstab für Gesundheit, sich gut an eine kranke Gesellschaft angepasst zu haben.

KAPITEL 2. NACHDENKEN, WAS ANDERE VORDENKEN

uns kurzzeitig die Realität wieder ein und Gesellschaften kommen vorübergehend zur Besinnung. Aber zu was für einem Preis? Nach einer Erholung und Wiederaufbau wiederholt sich das Spiel.

Wir sind durch die Prägung unseres Geistes/Gewissens durch die religiöse Denkungsart befangen, aus der die allgemeine Moral in unserer Kultur hervorgegangen ist, auch wenn wir heute Atheisten oder Agnostiker sind. In der christlichen Vorstellung ist der menschliche Körper (›Leib‹) der von der Sünde beherrschte Teil des Menschen. Also die körperlichen Bedürfnisse, die menschlichen Lüste sind ›das Böse‹, die der Kontrolle durch die Stimme im Kopf – Seele, Geist – gehorchen sollen. Wir haben Angst vor unserem realen physischen Selbst und versuchen uns durch die Vorstellung eines eingebildeten imaginären Freundes zu beherrschen. Sich vor den Eigenschaften, Streben, Bedürfnissen des eigenen Körpers zu fürchten und stattdessen der Stimme eines eingebildeten Spuks im Kopf zu vertrauen über deren Worte andere bestimmen – das ist die vollkommene Entfremdung, die perfekte Gehirnwäsche. Die überlieferte Lehre des Christentums bestimmt die gesellschaftliche Matrix, der wir uns durch unseren ›Geist‹ anpassen sollen. Christliche Moral und Vorstellungswelt haben uns weis gemacht, dass wir unserer tierischen Natur nicht vertrauen und ihr nicht gehorchen dürfen – wir haben uns selbst durch unsere innere Stimme ständig zu widersprechen und uns selbst von dem abzubringen, was wir instinktiv und intuitiv tun wollen.

Das Wort »Geist« ist auch ein Synonym für ein Gespenst oder eine Spukerscheinung. In der Vorstellung vieler Menschen ist die innere Anstrengung, die sie im Vorderlappen ihres Gehirns aufführen und sich dabei mächtig anstrengen, tatsächlich ein übernatürliches d.h. metaphysisches, eigenständiges, intelligentes, überlegenes Wesen, das in dem jeweiligen Körper eines Individuums lediglich eine Zwischenstation macht und dass ein lebendes Gehirn ohne einen Geist gar nicht existieren kann. Wohl aber wird umgekehrt dem Geist zugetraut, ohne Gehirn oder Körper zu existieren. Ein populärwissenschaftliches Magazin aus dem Verlag ›Spektrum der Wissenschaft‹, das im deutschsprachigen Raum publiziert wird, heisst gar ›Gehirn und Geist‹. Wer oder was dieser ›Geist‹ genau sein soll, das weiß allerdings niemand so genau, wenn Menschen von ›dem menschlichen Geist‹ reden. Der Artikel über ›Geist‹ in der deutschsprachigen Wikipedia ist jedenfalls wenig erhellend. Um es mit der Sprache der Grammatik zu sagen: Die Artikel, die in der deutschen Sprache in Bezug auf den ›menschlichen Geist‹ verweisen, verweisen auf ein ›Nomen singular maskulin‹, also ein männliches, einzelnes Wesen.

Ich könnte nun einfach hier schreiben, der Glaube, dass im menschlichen Gehirn ein männlicher Spuk namens ›Geist‹ existiere sei lediglich ein Hokuspokus – aber wenn Menschen von einem ›menschlichen Geist‹ reden, beschreiben sie ein tatsächlich existierendes Phänomen. Es ist an der Zeit, diesem Spuk und seinem Einfluss auf die Individuen und ihre Gesellschaft etwas näher unter das Bettuch zu schauen, als es andere ›Geister‹ bislang getan haben.

> So können sich Menschen auch Fragen stellen, die in grundlegender Weise die eigene Existenz und Zukunft betreffen, etwa nach ihrer persönlichen Freiheit, nach ihrer Stellung in der Natur und ihrem Umgang damit, nach ethischen Grundsätzen menschlichen Zusammenlebens und nach einem Sinn des Lebens überhaupt.
> `https://de.wikipedia.org/wiki/Mensch`

Die Tatsache, dass man im Kopf redet, bedeutet nicht, dass man denkt – sondern nur, dass man redet. Wer sich selbst Fragen stellt, kann nicht verleugnen, dass er oder sie zu sich selbst redet. Das ›Ich‹ vieler Menschen ist eine sprachliche Rückkopplungsschleife, ein Selbstgespräch in ihrem Kopf, durch das sie sich in ihrer inneren Sprache selbst bespiegeln oder ganz neu konstruieren, unter Umständen sehr weit an der Realität vorbei. Die meisten Menschen unterhalten sich in den Sprache verarbeitenden Regionen ihres Gehirns mit sich selbst und über sich selbst. Dazu verwenden sie die von anderen Menschen gelernte Sprache, die zu ihrer inneren Sprache geworden ist. Weil die Menschen sich selbst auch als Gegenstand in ihrer Sprache wiederfinden, indem sie sich in ihrer Sprache definieren, spiegeln oder konstruieren sie sich selbst – oder sie werden durch ihre Gesellschaft konstruiert. Dadurch, dass das menschliche Gehirn sich selbst als einen Gegenstand seiner Sprache wahrnimmt, wähnt es sich seiner selbst bewusst und es verliebt sich in das sprachliche Abbild seiner selbst – eine Art ideales sprachliches Meta-Ich:

> Ich besitze einen Körper und einen Geist – doch ich, als Eigentümerin der beiden, bin weder das Eine noch das Andere.

Diese innere Anstrengung, die wir bemühen, wenn wir ›Denken‹ ist also das Selbstgespräch mit unserer innere Sprache und die Reaktionen unseres Gehirns, die durch diese im inneren erzeugten Reize entstehen. Wir hantieren in unseren Köpfen mit der akustischen Phantasie einer inneren Stimme – und häufig ist es mehr als nur eine Stimme – und tun dabei so als wäre das imaginäre sprachliche Ich – unser sprachliches Abbild – unser überlegenes, intelligenteres Alter-Ego gegenüber unserer realen – nichtsprachlichen – Existenz, die nicht von sich selbst und zu uns selbst als »Ich« spricht und sich zur Eigentümerin von uns erklärt, sondern schweigt. Sprechen kann nur die Sprache, aber sie kann nicht selbst sprechen, sie spricht durch die Menschen. Leider spricht die Sprache bei vielen Menschen nicht durch sie, sondern ihre Sprache spricht durch sie hindurch. Sie beherrschen ihre Sprache nicht mehr, sondern werden durch die Sprache beherrscht. Ihr Gehirn ist nicht mehr nur ein funktionales Organ, das Informationen intuitiv zielgerichtet verarbeitet, sondern ein Plapperkasten in dem die Vorstellung eines anmaßenden Spuks mit ihnen über sich selbst und seine hervorragenden Eigenschaften schwadroniert und das Steuer in der Hand hält. Diesem spukhaften Phänomen die Kontrolle über ihr Leben zu entziehen, dazu fehlt den meisten Menschen der Mut oder die Abgeklärtheit, dass es eben auch anders besser geht.

Als Mensch bringt man alle erforderlichen Eigenschaften mit, um in der menschlichen Gesellschaft zu leben. Wir sind an das Leben in der menschlichen Gesellschaft perfekt dadurch angepasst, dass wir Menschen sind. Eine aufgeklärte Gesellschaft, deren Mitglieder bei Trost sind, hat es nicht nötig, ihre Mitglieder einer Gehirnwäsche zu unterziehen, ihnen Angst vor ihrer eigenen, tierischen Natur einzubläuen und eine imaginierte Kontrollinstanz in ihrem Bewusstsein zu installieren. Unser Bewusstsein muss nicht durch Manipulation geformt werden, um aus uns würdige Mitglieder einer humanen Gesellschaft zu machen. Das ist das Axiom, die Grundlage von der ich ausgehe. Wir müssen nicht Mensch werden um in der menschlichen Gemeinschaft zu leben – wir sind Menschen.

In dem Bewusstsein zu leben, dass wir uns ständig selbst vor uns selbst verleugnen und uns stattdessen im Sinne anderer durch eine verinnerlichte Fremdkontrolle selbst beobachten und kontrollieren, ist eine unangenehme Sache, die wir nur allzu gerne verdrängen. Es ist ein Bewusstsein, in dem wir nicht leben wollen, weil es uns emotional belastet. Andererseits – wenn wir alle diese Tatsache nur kollektiv verdrängen, sind wir dazu verdammt mit diesem gesellschaftlichen Mißstand zu leben und unfähig ihn zu beheben. Wenn Einzelne diesen Mißstand bekämpfen, fallen ihnen andere in die Arme. »Das Licht ohne die rosarote Brille blendet mich – was fällt Dir ein, mir meine rosarote Brille abnehmen zu wollen?!«

Kommt uns die Tatsache der Entfremdung und Unterordnung zu Bewusstsein, so fühlen wir uns gehalten, sie vor uns selbst zu rechtfertigen. Mit dem Bewusstsein der eigenen Mitschuld an den Umständen kommt auch das Verlangen diese Schuld abzuwehren. Wir fürchten uns zu Recht oder zu Unrecht vor der Rache des Kollektivs:

»Ich würde ja meinen sozialen Status und die Karriere verlieren. Ich wäre von der Gesellschaft ausgestossen, wenn ich mein Verhalten nicht selbst im Sinne der anderen kontrollieren und zensieren würde!«

Die meisten Menschen sind in ihren Anschauungen notwendigerweise ›Kinder ihrer Zeit‹. Von der kollektiven ›Denke‹ entfernen sich nur wenige, weil wir Herdentiere sind. Ausgestossen zu werden, keine Freunde zu haben, am Rande der Gesellschaft zu stehen, ist eine bedrückende Aussicht.

Manche Menschen werden von der Gesellschaft ausgegrenzt und bekämpft, gerade weil ihren Handlungen die edelsten und besten Motive zu Grunde liegen. Der bislang einflussreichste Whistleblower in der Geschichte ist Daniel Ellsberg. Ellsberg hat im Sommer 1971 die internen Pentagon-Papiere veröffentlicht, die belegten, dass die US-Regierung schon seit Jahren wusste, dass der Krieg in Vietnam nicht zu gewinnen war und dass die Öffentlichkeit von Anfang an systematisch über die Kriegsziele getäuscht wurde. Weder US-Präsident Lyndon B. Johnson noch sein Nachfolger Richard Nixon waren bereit, die Schmach der Niederlage in Vietnam einzugestehen.[3] Als Ellsberg diesen mutigen Schritt getan hatte, empfand er es als besonders bedrückend, von der Mehrheit seiner Arbeitskollegen bei der RAND Corporation[4] als Verräter betrachtet und ausgegrenzt zu werden – doch er war es, der der ›amerikanischen Nation‹ einen großen Dienst erwies, indem er half, einen völlig sinnlosen, mörderischen Krieg zu beenden. Die Geschichte hat ihr Urteil über Daniel Ellsberg gesprochen: Er ist ein Held – ein mutiger Mann mit Intelligenz, Selbstbewusstsein und Rückgrat, der es in Kauf nahm, sein Leben, seine Familie und seine Freiheit zu verlieren, um ein katastrophales Verbrechen zu beenden, unter dessen Folgen Menschen noch heute leiden.

Der dystopische Roman *1984* ist eine Zuspitzung dessen, was in Wirklichkeit in allen restriktiven Gesellschaften, die von ihren Mitgliedern Selbstzensur und Selbstkontrolle verlangen, alltäglich ist. *1984* ist kein Zukunftsroman. Selbstkontrolle und Selbstzensur schlagen sich im Alltagsdenken nieder. Das Alltagsdenken durchdringt, beeinflusst und beherrscht in seiner Allgegenwärtigkeit alles.

> Hierarchie ist Gedankenherrschaft, Herrschaft des Geistes. Die Welt der Gedanken ist die religiöse Welt; Geistesglaube ist Geisterglaube.
>
> Max Stirner

Die Macht der Mächtigen dieser Welt beruht nicht nur darauf, dass sie unmittelbar das Verhalten ihrer Untergebenen mit Ge- und Verboten durch die Androhung unmittelbaren Zwangs kontrollieren. Sie beeinflussen auch das Denken ihrer Untergebenen, sie formen durch Indoktrination, Überwachung, Lügen und Propaganda das Bewusstsein

---

[3] Es gibt eine hervorragende Dokumentation über Ellsberg auf Youtube. ›Die Wahrheit über den Vietnamkrieg‹ in Spielfilmlänge

[4] Die RAND Corporation (›Research ANd Development‹; deutsch: Forschung und Entwicklung) ist eine Denkfabrik in den USA, die nach Ende des Zweiten Weltkriegs gegründet wurde, um die Streitkräfte der USA zu beraten. Quelle: Wikipedia

in einem viel stärkeren Ausmaß, als es ihren Untergebenen bewusst ist. Ihre Untergebenen sind sich dieses Umstands nur ungern bewusst, denn als einzelne Individuen haben sie kaum Einfluss. Das Bewusstsein der Machtlosigkeit ist kaum erträglich. Man bemalt seine Gitterstäbe lieber mit bunten Farben und hängt Gardinen davor. Man lässt sich nicht aufrütteln. Empörung ist schädlich. Man quittiert es bestenfalls mit einem Schulterzucken und fürchtet sich vor Veränderung. Ein Tyrann kann noch so größenwahnsinnig und grausam sein, es wird immer Untertanen geben, die ihn verteidigen. Daran beteiligen sich nicht nur dessen Günstlinge, die aus der Herrschaft Vorteile ziehen. Das Stockholm-Syndrom existiert wirklich.

Hannah Ahrend bezeichnet diejenigen, die andere bewusst belügen, als Lügner. Doch schlimmer als andere zu belügen ist es, sich selbst zu belügen. Diejenigen, die es sich in der Lüge eingerichtet haben und angefangen haben ihre eigenen Lügen zu glauben, nennt sie die Verlogenen. Um anderen gegenüber glaubwürdiger zu lügen macht es Sinn seine eigenen Lügen zu glauben. Es beruhigt die Nerven, wenn man gar nicht mehr weiß, was Lüge und was Wahrheit ist. Bleibt noch hinzuzufügen: Die Lügner sind wahrscheinlich gegenüber den Verlogenen in der Minderheit und nur wer zu sich selbst spricht, kann sich selbst belügen.

»Seht Ihr nicht, dass die Welt belogen werden will? Ich gebe ihr nur, wonach sie verlangt.«

Die Zeit einer Gesellschaft verstreicht, bis irgendwann die Umstände keine lineare Fortsetzung des Bestehenden erlauben, etwa weil fulminante Ideen anfangen sich zu verbreiten, die für die bestehenden gesellschaftlichen Verhältnisse disruptiv sind. Es sind keineswegs nur Ideen der Geistesgeschichte, die solche Veränderungen bringen. Viele sprunghafte Veränderungen der Gesellschaft in der Vergangenheit sind dem wissenschaftlichen und technischen Fortschritt und seinen Auswirkungen geschuldet. Wir erleben gegenwärtig selbst eine solche Veränderung durch das Internet und haben soeben eine zweite Phase betreten: Geheimdienste benutzen das Internet als eine totale, globale Überwachungsmaschine.

KAPITEL 2. NACHDENKEN, WAS ANDERE VORDENKEN

Es wäre gar nicht auszudenken, was uns geschehen würde, wenn unser Gehirn anfangen würde, selbständig zu denken – ohne die Kontrolle durch unser inneres Selbst, welches nach bitteren Erfahrungen gelernt hat Zensur zu üben. Was, wenn unser Gehirn wie ein streunender Hund anfangen würde, Gedanken zu denken, die nicht konform mit den religiösen, moralischen oder politischen Überzeugungen unserer Zeitgenossen in der Mehrheitsgesellschaft sind?

Kapitel 3

Die zehn Grundthesen dieses Buches

Für den Fall, dass Sie dieses Buch nur zufällig zur Hand nehmen und eher beiläufig darin blättern, möchte ich die Grundgedanken kurz darlegen:

1/ Sprache und Denken sind unterschiedliche Funktionen des Gehirns. Menschen, die durch ein Krankheitsgeschehen lediglich ihre Sprachfähigkeit verlieren, büßen zwar ihre Kommunikationsfähigkeit ein, verlieren aber nicht ihre Intelligenz oder die Fähigkeit, logisch zu denken. Das haben wissenschaftliche Untersuchungen mit Aphasikern ergeben[1].

2/ Die meisten Menschen glauben, ein höheres Niveau des menschlichen Bewusstseins erreicht zu haben, indem sie die beiden Gehirnfunktionen Sprache und Denken vermischen: Sie versuchen in den für die Sprachfunktion zuständigen Bereichen des Gehirns diskursive, logische

---

[1] Aphasiker verlieren ihre Muttersprache ganz oder teilweise. Das geschieht in 80 Prozent der Fälle durch einen Gehirnschlag, bei dem Sprache verarbeitende Regionen des Gehirns beschädigt wurden. Globale Aphasiker können weder in Worten sprechen, noch ›denken‹.

Dispute in ihrer Muttersprache zu führen, um Erkenntnisse zu gewinnen.

3/ Sie tun das immer, wenn Sie in Gedanken Fragen formulieren, die Sie an sich selbst richten. Das Gehirn benötigt Zeit und Informationen um Probleme zu lösen. Diesen Prozess beschleunigen wir nicht, wenn wir unser Gehirn mit unserer inneren Stimme ständig nach Ergebnissen fragen.

4/ Bei einem Selbstgespräch (Autokommunikation) ist der Sprecher (Sender) ein improvisierter Gesprächspartner, der durch eine Kognitionsleistung des Gehirns virtualisiert wird. Stellen Sie sich diesen Gedanken nicht allzu bildlich vor. Sie dürfen diesen improvisierten Gesprächspartner gerne ›Alter Ego‹ nennen, das heisst aber nicht, dass sie sich nicht vollständig mit Ihrem Alter-Ego identifizieren.

5/ Die Kognitionsleistung zur Virtualisierung eines gedanklichen Gegenübers zu erbringen ist sinnlos und verschwendet Ressourcen. Das virtualisierte Gegenüber kann nicht kognitiv leistungsfähiger sein als das Gehirn, das die Virtualisierungsarbeit leistet und gleichzeitig die Rolle des Zuhörers (Empfänger) bei dieser virtuellen Unterhaltung spielt. Eine virtualisierte Maschine in einem Server ist niemals schneller, als der Server in dem sie läuft.

6/ Ich mache allen Menschen, die zu sich selbst sprechen, den Vorwurf, dass sie nicht wissen, was sie sagen. Sonst müssten sie ja wohl kaum den Worten ihrer eigenen Stimme lauschen, um deren Inhalt zu erfahren. Die Konsequenz aus dieser logischen Schlussfolgerung ist es, das eigene, innere diskursive dialogische Denken zu beenden und damit einen Bewusstseinszustand zu erreichen, der höher als das Alltagsdenken liegt. Auch wenn Sie mir nicht zustimmen, empfehle ich es auszuprobieren. Wenn Sie ein Auto haben, fahren sie sicher auch nicht mit gezogener Handbremse auf der Autobahn.

7/ Die sogenannte ›Selbstreflektion‹ des Bewusstseins durch Sprache gleicht dem Versuch, sich selbst mit Pinseln und Farben auf einer Leinwand zu ›spiegeln‹. Es wird nicht reflektiert, sondern gemalt. Stimme und Sprache sind Pinsel und Farben.

8/ Das Sprachdenken oder Denkdenken durch innere Zwiegespräche erfüllt in unserer Gesellschaft die Funktion des autosuggestiven Doppeldenk im Orwell'schen Sinne.

9/ Bildlich gesprochen: Sie sind nicht der Geist, als den sie sich in ihrem Kopf am Lenkrad des Autos sitzend wahrnehmen. Sie sind das Auto. Der Fahrer, mit dem Sie sich identifizieren und den Sie in ihren Gedanken hinter dem Steuer wahrnehmen, ist nur eine Illusion.

10/ Es ist unendlich schwierig und zugleich erschütternd einfach, sich aus dem Labyrinth des diskursiven, dialogischen ›Denkens‹ zu befreien, wenn man ›den Bogen heraus‹ hat. Man kann sich nicht durch diskursives, dialogisches ›Denken‹ von dem diskursiven, dialogischen ›Denken‹ befreien. Der einzige Weg, um ›ein Meister der inneren Stille‹ im Sinne des Daoismus zu werden, ist die Erkenntnis. Hat man diese gewonnen, kann man sich entspannt zurücklehnen und darauf warten, dass das Geplapper im Kopf aufhört, denn nur durch mentale Anstengungslosigkeit kann man mentale Anstrengungslosigkeit erreichen. Und auch diese Erkenntnis gewinnt man nicht durch mentale Anstrengung, sondern allein dadurch, dass man die mentale Anstrengung als sinnlos erkennt und intuitiv aufgibt.

Ich denke, dass das Leben viel schöner und einfacher wäre, wenn wir alle damit aufhören würden, auf die Stimmen in unseren Köpfen zu hören. Wenn wir aufwachsen, lernen wir, dass alle lügen – und auch wir lernen, zu lügen. Also ist unsere eigene Stimme diejenige Stimme, der wir am meisten vertrauen, denn wir haben ja nicht die Absicht, uns selbst zu belügen, solange unsere Absichten mit unseren Absichten im Einklang sind. Das Problem ist: Unsere eigene Stimme weiß nichts, dass sie uns zu sagen hätte. Wenn wir versuchen, unsere eigene Stimme dazu zu verwenden, um uns selbst Dinge zu sagen, dann belügen wir uns daher immer selbst. Wir werden durch unseren ›inneren Souffleur‹ zu den Scharlatanen unseres eigenen Lebens – und wir lassen uns widerum von anderen soufflieren. Damit passen wir uns an die Gedankenwelt der uns umgebenden Kultur an. Wir fügen uns durch dieses sogenannte ›Denken‹ in die Gedankenwelt der Hierarchie ein.

Kapitel 4

Was ist Bewusstsein?

Es gibt verschiedene Definitionen von Bewusstsein. Den Wachzustand von höheren Tieren bezeichnet man als Bewusstsein – im Gegensatz zu Schlaf, Bewusstlosigkeit, Koma oder Ohnmacht. Alle Säugetiere besitzen ein zentrales Nervensystem, sie haben neben einem Wachzustand auch einen Schlafzustand, den sie brauchen um sich zu regenieren. Als hoch entwickelte Lebewesen haben sie Erinnerungen, Kognitionen und kommunizieren mit ihren Artgenossen. Sie handeln bewußt und zweckorientiert aufgrund ihrer Erfahrungen und wenden mitunter Strategien an, die für Naturforscher verblüffend sind. Die Erinnerungen und Kognitionen von Tieren werden heute allgemein lediglich als Leistungen des Nervensystems betrachtet, ohne die Zuhilfenahme metaphysischer Erklärungsmuster. Es ist noch nicht lange her, da glaubte man noch an die Existenz einer metaphysischen Tierseele, und selbst heute gibt es noch Leute, die glauben, dass ein metaphysischer Götteratem ihr Haustier zum Leben erweckt.

Da wir Menschen höhere Säugetiere sind, haben auch wir ein – unserer biologischen Natur entsprechendes – Bewusstsein, das wir unserer tierischen Körperlichkeit verdanken. Der Unterschied zwischen unserem tierischen Bewusstsein und dem tierischen Bewusstsein anderer Tierarten liegt lediglich in der Ausdifferenzierung unserer Art. Eine hervorstechende menschliche Eigenschaft ist auch die hoch entwickelte menschliche Sprache, die uns erlaubt, komplexe Sachverhalte zu kommunizieren und Informationen zu speichern. Der Einfluss der komplexen Lautsprache hat aber auch zu einer magischen Verklärung derselben geführt. Auch wenn wir uns selbst vielleicht in unserer Sprache als ›Krone der Schöpfung‹ bezeichnen – für Zoologen sind wir nichtsdestotrotz weiterhin nackte Trockennasenaffen (Haplorhini) aus der Gattung der Primaten. Genetisch sind Schimpansen und Bonobos unsere nächsten lebenden biologischen Verwandten.

> Du machtest ihn wenig geringer als Engel, mit Ehre und Hoheit kröntest du ihn.
>
> Ansprache Davids über die Menschen an Gott. Psalm 8,6
> Bibel, AT

Viele Menschen glauben bis heute an die Existenz eines metaphysischen Bewusstseins. Gegenüber ihrem tierischen, biologischen Bewusstsein – dem unkontrollierten, autonomen Gehirnen des Gehirns – äussern sie sich sehr verächtlich. Instinkt und Intuition sind Schimpfworte für sie, es sind Regungen ihres Gehirns, denen ihr ›Geist‹ nicht vertrauen darf. In ihrem Größenwahn sagen sie Dinge wie:»Ich bin kein Tier, denn ich habe einen Geist. Der Geist beherrscht den Körper.« Sie meinen, ihre biologische, menschliche Natur durch ihren exklusiven imaginären Freund überwunden zu haben. Das haben wir unter anderem dem Philosophen Platon zu verdanken, der in seiner ›Seelenlehre‹ behauptete, dass der Körper nur das Werkzeug, die Wohnstätte oder gar das Gefängnis einer ›Seele‹ sei. Der Körper, der krank werden kann und am Ende dem Tod unterliegt, war Platons Phantasie zufolge der unsterblichen, unzerstörbaren Seele untergeordnet. Es stünde der ›Psyche‹ zu, über den Körper zu herrschen. Platon dachte, dass die ›Psyche‹ vor, während und nach der Existenz des Körpers existiere – eine Vorstellung, die man als ›Freiseele‹ bezeichnet. Viele Mitglieder unserer Gesellschaft leben noch heute in der Vorstellungswelt Platons. Sie identifizieren sich mit ihrer Ich-Vorstellung, die sie für über ihre biologische Natur erhaben wähnen und die in ihren Gedanken mit ihnen spricht. Sie mißtrauen ihrer eigenen Natur, und meinen, es sei ihre Bestimmung, ihre tierisch-menschliche Natur zu überwinden, da sie negative Eigenschaften habe.

Auch mit der Vergänglichkeit ihrer biologischen Existenz wollen manche sich nicht abfinden. Wie Platon flüchten sie sich in die Vorstellung, ihr ›wahres Ich‹ sei eine innere, metaphysische Entität, die ihren Körper und ihr Bewusstsein antreibt. Der Glauben an ein inneres, metaphysisches Bewusstsein verblendet sie. Für die Materialisten existiert dieses metaphysische Wesen nur in der Phantasie derer, die sich das einbilden. Letztere nennen sich selbst ›Realisten‹. Vom Standpunkt ihres imaginären Geistwesens betrachten sie ihren Körper wie Platon nur als ein Objekt, über das sie so sprechen, als sei ihre materielle Erscheinung Eigentum und Untertan ihrer imaginären, metaphysischen ›Geisterseele‹.

Freispruch für eine Eselin

Im Mittelalter trieb der Glaube an die Existenz metaphysischer Tierseelen in sogenannten Tierprozessen seltsame Blüten. Ab dem 14. Jahrhundert wurden in Europa Mäuse, Ratten, Schlangen, Vögel, Rinder, Schweine, Ziegen, Esel und sogar Insekten vor Gericht gestellt. Kühe wurden vom Henker geköpft; Schweine wurden zusammen mit menschlichen Gefangenen in den Kerker geworfen oder vom Scharfrichter ertränkt. Eulen und Katzen wurden auf dem Scheiterhaufen verbrannt, denn sie hatten sich angeblich mit dem Teufel eingelassen. Die Kirche drohte durch schriftliche Aushänge und Herolde Käfern und Heuschrecken mit Exkommunikation und Kirchenverbannung, wenn sie weiterhin der Ernte schaden würden. Um 1750 wurde in Frankreich gegen Jacques Ferron und eine Eselin ein Strafverfahren wegen Sodomie eingeleitet. Seine Nachbarn hatten beobachtet, dass er sich mit der Eselin vergnügte. Ein Zeuge bezeugte vor dem Richter den guten Leumund der Eselin: Er kenne sie seit Jahren als «tugendhaft und gehorsam». Die Eseldame wurde frei gesprochen, Jacques Ferron wurde gehängt.

In einem anderen Verfahren hatten Mäuse und Ratten einen gerissenen Anwalt. Ihr Verteidiger erklärte, das Gericht könne nicht in Abwesenheit über die Angeklagten befinden, da man ihnen gar nicht mitgeteilt hatte, dass sie vor dem Gericht zu ihrer Verteidigung zu erscheinen hätten. Daraufhin wurde das Verfahren vertagt, und Mäuse und Ratten wurden durch mündliche Aufrufe für den nächsten Prozesstermin einbestellt. Als sie auch daraufhin nicht vor Gericht erschienen, argumentierte der gerissene Anwalt, die Mäuse und Ratten hätten sicherlich von dem Verfahren Kenntnis genommen, aber wegen der Lebensgefahr durch Katzen und Raubvögel sei es ihnen nicht zuzumuten, dass sie die gefährliche Anreise auf sich nähmen. Der Richter hatte ein Einsehen und stellte das Verfahren ein.

In einem Tierprozessurteil gegen Mäuse und Wühlmäuse, die ein Feld in der Schweiz im 16. Jahrhundert kahl gefressen hatten, wurde den Tieren drei Tage Zeit gelassen, um sich einen anderen Lebensraum zu suchen. Der Richter nahm besondere Rücksicht, indem er die Frist für schwangere Mäuse auf 14 Tage festsetzte.

Ohne das Wissen, dass Tiere im Mittelalter als beseelte Wesen angesehen wurden, lassen sich diese absurden Verfahren heute kaum erklären. Die Erkenntnis, dass sich Tiere lediglich nach ihrer Natur verhalten, läßt heute keine Diskussion über ihre Strafwürdigkeit und -mündigkeit mehr aufkommen. Die Erkenntnis, dass sich auch Menschen nur nach ihrer Natur verhalten, wenn sie bei Trost sind und dass Strafen keine geeigneten Therapien für Geistergestörte sind, steht uns offensichtlich noch bevor. Der Glaube an die ›Beseeltheit‹ eines Menschen oder eines Tieres macht sie in der Logik der ›beseelten‹ Menschen zu legitimen Objekten von Strafprozessen. Was keine Seele besitzt, kann sich auch nicht gegen die göttliche Ordnung versündigen, da es lediglich ein Tier ist. Gilt das für den nicht-menschlichen Teil der Tierwelt, so gilt das auch für die Menschen.

Den Geist, den ich zum Denken rief

Die Tätigkeit des sogenannten ›Denkens‹ führen wir bisweilen sehr bewusst, mit großer Anstrengung durch, doch überwiegend praktizieren wir sie weitgehend automatisiert, d.h. unbewußt. Da die Tätigkeit des ›Intellekts‹ absichtsvoll ist, lässt sie sich durch äußere Einflüsse, z.B. unter dem Einfluss von Zwang, formen. Unser Wille ist bestechlich, und wenn unser Denken unserem Willen untergeordnet ist, ist auch unser

Denken bestechlich. Wir empfinden eine seltsame Anstrengung im Gehirn als die Ursache und Quelle unseres eigentlichen Bewusstseins und sind uns dabei gar nicht bewusst, wie sehr wir in unserem ›freien Denken‹ von anderen beeinflusst wurden. Der Gedanke, diese willkürlichen, inneren Akte des ›Denkens‹ nicht auszuüben, löst bei vielen Menschen Versagensängste oder Furcht vor gesellschaftlichen Sanktionen aus. Wir glauben, lebensunfähig zu sein, wenn wir unser Gehirn nicht durch unseren ›Intellekt‹ beschäftigen.

Wir glauben also, dass Denken eine bewusste, innere Anstrengung ist[1]. Was wäre aber, wenn der ›freie Wille‹, durch den wir unser Denken kontrollieren, nur eine Illusion ist, die uns die Gesellschaft eingebläut hat und dass das, was wir in unserem Gehirn tun, wenn wir ›Nachdenken‹ mit echter Kognition nicht das Geringste zu tun hat – sondern die Folge einer kollektiven Gehirnwäsche ist, weil die Gesellschaft, in die wir hineingeboren wurden, freies Denken nicht erlaubt? Wenn wir willentlich und willkürlich unser Denken kontrollieren – für eine bestimmte Form der Gesellschaft, ein moralisches Konzept, eine politische Überzeugung, eine religiöse Idee – dann sind wir geistige Sklaven, die denken, was sie denken sollen und tun, was sie tun sollen. Hinweise dafür gibt es. Wir haben als Kollektiv ein Problem mit der Wahrnehmung der Realität, und wir bestrafen diejenigen, die von der allgemein geteilten Wahrnehmung abweichen, auch wenn sich hinterher heraus stellt, dass die Nonkonformisten und Querdenker Recht hatten:

– Alljährlich machen tödliche Unfälle mit geladenen Schusswaffen Schlagzeilen, die in den USA in die Hände von Kindern geraten. 2012 wurden mehr US-Amerikaner von Kindern bei Unfällen mit Schusswaffen erschossen als durch Terroranschläge getötet. In der politischen Diskussion wird dagegen permanent die Gefahr für die Sicherheit durch den internationalen Terrorismus wiederholt und beschworen. Enorme Ressourcen werden dem ›Krieg gegen des Terrorismus‹ geopfert, ob-

---

[1] Glauben bedeutet, etwas für wahr zu halten, obwohl es gegen jeden Sinn für Realität spricht. »Credo, quia absurdum est – Ich glaube es, weil es unvernünftig ist« Die Wiederbelebung einer schon verfaulenden Leiche im Bewusstsein zu haben, und diese Vorstellung für realistisch anzusehen ist hahnebüchen, doch nur ein derartiger Kniefall des Realitätssinns vor einer Überzeugung beweist genuinen, echten Glauben.

gleich man mit vernachlässigbarem Aufwand viel mehr Menschenleben retten könnte, wenn man andere Probleme anginge. Dazu müsste man auch nicht die verfassungsmäßig garantierten Rechte aus dem Fenster werfen, in dem man die elektronischen Kommunikation aller Bürger speichert.

– Trotz Guantanamo, Verschleppungen, Folterungen und trotz tausendfacher ungesetzlicher aussergerichtlicher Tötungen durch Drohnenanschläge, die europäische Völkerrechtler nahezu einhellig als Mord bezeichnen, gibt es kaum Kritik an der Politik der US-Regierung.

– Obwohl George Bush Junior im Jahr 2000 durch Wahlfälschung das Präsidentenamt übernahm, gilt das politische System der USA weiterhin als ein vorbildliche Demokratie. Noam Chomsky bezeichnete die USA als eine »Einparteienherrschaft mit zwei rechten politischen Flügeln.«

– David Nutt, Professor für Pharmakologie und bis 2009 Drogenbeauftragter der britischen Regierung, wurde entlassen, nachdem er die britische Regierung mit der wissenschaftlichen Erkenntnis konfrontiert hatte, dass LSD, Ecstasy und Cannabis wesentlich ungefährlicher als Alkohol und Tabak sind. Die Regierung warf ihm ›Verharmlosung des Rauschgiftkonsums‹ vor. Der Wissenschaftler bezeichnete sich als Opfer einer populistischen Politik und sprach von der Regierung unter Premierminister Gordon Brown als ›irrationale Rückständige‹.

– 2012 sind in Deutschland durch den Konsum von Alkohol und Tabak etwa 200.000 Menschen gestorben. Durch den Konsum von illegalen psychotropen Substanzen (›Drogen‹) starben im gleichen Zeitraum in Deutschland 944 Menschen. Obwohl das Verhältnis der Opferzahlen 212:1 beträgt, wird von den Medien, der Öffentlichkeit und der Politik vor allem der illegale Konsum als ›Drogenproblem‹ wahr genommen. Die Gefängnisse sind mit Gefangenen gefüllt, die dort wegen ›Drogendelikten‹ einsitzen.

– 2012 sind 45 Konsumenten illegaler ›Drogen‹ weniger gestorben als

2011. Die Anzahl der Todesopfer durch Alkohol und Tabak hat sich dagegen im gleichen Zeitraum um 20.000 erhöht. Die Bundesregierung sieht das Ergebnis als das Resultat erfolgreicher Drogenpolitik.

– Die geistesgeschichtlichen Ideen des Geistes, der Religion, der Moral und des menschlichen Gewissens haben die Menschheit nicht daran gehindert, seit Beginn der überlieferten Geschichtsschreibung etwa 14.400 Kriege zu führen, bei denen 3.500.000.000 Menschen getötet wurden.

– Das Volumen von Finanztermingeschäften (›Derivatehandel‹), mit denen auf steigende oder fallende Preise von Waren, Dienstleistungen oder Zinsen gewettet wird, hat zur Zeit den neunfachen Wert der Realwirtschaft. Wir stehen vor einer Spekulationsblase im Handel mit Derivaten, die darauf wartet, in sich selbst zusammenzubrechen. Die Politik hat in der Folge der Finanzkrise 2008 versprochen, der zügellosen Spekulationen ein Ende zu setzen, hat aber keinerlei nennenswerte Taten folgen lassen. Wir bewegen uns gerade sehenden Auges auf die nächste Wirtschaftskatastrophe zu, ohne die Folgen der letzen Finanzkrise bewältigt zu haben.

Wenn Menschen Überzeugungen, Meinungen, Bewertungen oder Schlussfolgerungen haben, die sich gegenseitig ausschliessen und wiedersprechen, bezeichnen Psychologen das als kognitive Dissonanz. Sie kann ein diffuses, unangenehmes Spannungsgefühl erzeugen. Man kann kognitive Dissonanz aufheben, indem man sich Fehler eingesteht, Verhaltensweisen korrigiert oder falsche Einstellungen ändert. Das wäre der rationale Weg um mit kognitiver Dissonanz umzugehen. Doch es geht auch anders. Individuen, Organisationen oder Gesellschaften wenden unterschiedliche Strategien an, um dieses Spannungsgefühl loszuwerden – sie richten sich in ihren Widersprüchen ein, in dem sie Probleme selektiv verdrängen und ihren Realitätsbezug verschieben. Dazu gehört das bewußt falsche Gewichten von Informationen.

4.0.1 Wenn die Prophezeihung versagt

In den 1950er Jahren gründete Dorothy Martin, eine Hausfrau aus Chicago, eine UFO-Sekte namens ›Seekers‹ (Sucher). Sie hatte sich mit den Ideen von L. Ron Hubbard (Dianetics, Scientology, Erfindung eines elektrischen Apparates zur Messung von Schmerzempfinden bei Tomaten) beschäftigt und experimentierte mit ›automatischem Schreiben‹. Dazu legte sie ihre Hand mit einem Schreibgerät auf Papier und wartete darauf, dass eine übernatürliche Kraft anfangen würde, ihre Hand zu führen. Auf diese Weise teilten ihr ›Ausserirdische‹ vom Planeten ›Clarion‹ mit, dass am 21. Dezember 1954 vor Sonnenaufgang eine Apokalypse stattfinden würde, eine große globale Flut, der die gesamte Menschheit zum Opfer fallen würde, mit Ausnahme einer kleinen Gruppe von UFO-Gläubigen, die sie anführen sollte. Diese sollten als einzige der drohenden Katastrophe in einer fliegenden Untertasse entgehen.

Die Sozialpsychologen Leon Festinger, Henry Riecken und Stanley Schachter wurden auf den UFO-Kult durch einen Artikel in der Zeitung aufmerksam. Der Forschungsgegenstand der Psychologen war die Frage, wie Menschen damit umgehen, wenn sie in sich selbst wiedersprechende Kognitionen wahrnehmen. Diese Forschergruppe prägte den psychologischen Begriff der ›kognitiven Dissonanz‹. Da es offensichtlich war, dass am Morgen des 21. Dezember 1954 der Glauben der Anhänger von Dorothy Martins UFO-Sekte in den harten Kontakt mit der Realität – und damit in akute kognitive Dissonanz – geraten würde, erschienen sie den Wissenschaftlern als hervorragende Studienobjekte. Unter der Vorspiegelung, selbst an den UFO-Kult glauben, infiltrierten die Wissenschaftler die Gruppe, um ihr Verhalten am Tag der Prophezeihung zu studieren.

Die Anhänger der Gruppe hatten große Anstrengungen unternommen, um den Glauben an die Prophezeihung von Dorothy Martin zu festigen. Sie hatten ihr Studium aufgegeben, Jobs gekündigt, sich von Lebenspartnern, Eigentum und Geld getrennt um sich auf den Tag der Abreise in der fliegenden Untertasse vorzubereiten.

Die Wissenschaftler protokollierten den Ablauf der Ereignisse:

Vor dem 20. Dezember: Die Gruppe scheut Publicity. Interviews werden nur widerwillig gegeben. Zugang zu Dorothy Martins Haus wird nur an diejenigen gewährt, die die Gruppe davon überzeugen können, dass sie wahre Gläubige sind. Die Gruppe entwickelt ihr Glaubenssystem weiter, erkundigt sich durch das automatische Schreiben vom Planeten Clarion nach weiteren Details über die Katastrophe, den Grund für ihr Auftreten und wie die Gruppe vor der Katastrophe gerettet wird.

20. Dezember. Die Gruppe erwartet einen Besucher aus dem Weltraum um Mitternacht, um sie zu einem wartenden Raumschiff zu eskortieren. Die Gruppe unternimmt große Anstrengungen, um alle metallischen Objekte wie angewiesen von ihren Körpern zu entfernen. Um Mitternacht sind alle Reißverschlüsse, BH-Träger und andere Objekte, die Metall enthalten, abgelegt. Die Gruppe wartet.

00:05, 21. Dezember. Kein ausserirdischer Besucher. Jemand in der Gruppe bemerkt, dass eine andere Uhr im Zimmer 23:55 zeigt. Die Gruppe kommt überein, dass es noch nicht Mitternacht sein kann.

00:10 Die zweite Uhr schlägt Mitternacht. Immer noch kein ausserirdischer Besucher. Die Gruppe sitzt in betroffenem Schweigen da. Die Katastrophe selbst ist nicht mehr als sieben Stunden entfernt.

04:00 Die Gruppe sitzt in betroffenem Schweigen da. Ein paar Erklärungsversuche sind gescheitert. Dorothy Martin fängt an zu weinen.

04:45 Dorothy Martin empfängt eine weitere Nachricht durch automatisches Schreiben. Es heißt in der Tat, dass der Gott der Erde sich entschieden hat, den Planeten vor der Zerstörung zu retten. Die Katastrophe wurde abgesagt: »Die kleine Gruppe, die die ganze Nacht lang dasaß, hat so viel Licht ausgestrahlt, dass sich der Gott des Planeten entschieden hat, die Welt vor der Zerstörung zu retten.«

Nachmittag, 21. Dezember. Zeitungen werden angerufen; die

Gruppe bemüht sich um Interviews. Ganz im Gegensatz zu ihrer früheren Abneigung gegen Publicity, beginnt die Gruppe eine Kampagne, um ihre Botschaft unter einem möglichst breiten Publikum zu verbreiten.

4.0.2 Orwell'sches Doppeldenk

George Orwell hat in dem dystopischen Roman *1984* psychologische Aspekte der Realitätsverschiebung thematisiert. In *1984* hat die Diktatur des ›Großen Bruders‹ und dessen Einparteiensystem die Macht übernommen. Sie manipuliert das Bewusstsein der Bevölkerung systematisch. Die Bevölkerung wird durch gezielte Desinformation und Folter psychisch krank gemacht. Sie hat gelernt Sklaven zu sein, die ihre Unterdrücker lieben. Dazu dienen der Diktatur des Großen Bruders, neben einem Klima der allgemeinen Angst und dem Gefühl ständiger Überwachung durch ein elektronisches Panoptikum, die Methoden des ›Neusprech‹ und des ›Doppeldenk‹. Das ›Neusprech‹ ist eine gezielt herbeigeführte Verarmung der Sprache in den Medien und in politischen Ansprachen, aus der jene Begriffe entfernt werden, die Unzufriedenheit mit der Herrschaft des ›Großen Bruders‹ ausdrücken könnten. Gleichzeitig findet auch ein genereller Bedeutungswandel von politischen Begriffen statt:

> Frieden ist Krieg
> Freiheit ist Sklaverei
> Unwissenheit ist Stärke

Das ›Doppeldenk‹ setzt auf die Fähigkeit, sich bewusst selbst zu belügen und sich selbst Dinge zu suggerieren, um sich dann auch noch bewusst selbst darüber zu täuschen, dass man sich selbst belogen hat. Der Erzähler des Romans, der Abweichler Winston Smith wird so lange gefoltert, bis er erkennt, dass $2 + 2 = 5$ ergibt, wenn die Partei es so will. Die Bevölkerung befindet sich in einem mentalen Zustand permanenter Autosuggestion, deren Inhalt von der herrschenden Kaste vorgegeben wird.

> »Wenn man herrschen will, so muss man fähig sein, seinen Realitätsbezug zu verschieben, denn das Geheimnis von Herrschaft besteht darin, an seine eigene Unfehlbarkeit zu glauben, und dies zu verbinden mit der Fähigkeit aus gemachten Fehlern zu lernen.«

> »Zu wissen und nicht zu wissen, absoluter Wahrhaftigkeit innezusein, während man sorgfältig konstruierte Lügen erzählte, gleichzeitig zwei einander ausschließende Ansichten zu vertreten, zu wissen, daß sie widersprüchlich waren, und an beide zu glauben; die Logik gegen die Logik ins Feld zu führen, die Moral abzulehnen und sie für sich in Anspruch zu nehmen; an die Unmöglichkeit der Demokratie zu glauben und daran, daß die Partei die Hüterin der Demokratie war; zu vergessen, was vergessen werden mußte, um es sich dann wieder ins Gedächtnis zu rufen, wenn es gebraucht wurde, und es dann gleich wieder zu vergessen; und vor allem, eben dieses Verfahren auf das Verfahren selbst anzuwenden.«
> George Orwell *1984*

Es versteht sich von selbst, dass irrationale Strategien zur Reduktion von kognitiver Dissonanz prinzipiell jedem gesellschaftlichen Fortschritt im Weg stehen. Wer sich derartigen Strategien in den Weg stellt hat es schwer und lebt zudem gefährlich...

4.0.3 Diskurs über das Glück

Während der Zeit der Aufklärung im 18. Jahrhundert sorgten die materialistischen Anschauungen des französischen Arztes und Philosophen Julien Offray de La Mettrie für allgemeine Empörung.

> »Die Natur hat uns nur zu dem Zweck geschaffen, um glücklich zu sein.« – Julien Offray de La Mettrie

Ein solcher Satz war für seine Zeitgenossen in gleich zweierlei Hinsicht schockierend. Die kosmologischen Ansichten seiner Zeitgenossen waren allgemein das, was man heute ›Kreationismus‹ nennt. Sie glaubten fest an den biblischen Schöpfungsmythos als ewige Wahrheit. Ausserdem wurden Menschen als von Gott aus dem Paradies verdammte Sträflinge betrachtet. Sie sollten nicht als einzigen Lebenszweck nach Glück streben, sondern für die Erbsünde Abbuße leisten. Zweifel an diesen kosmologischen Überzeugungen war nicht für jene sagbar, denen ihre gesellschaftliche Stellung und das Leben lieb war.

»Der Mensch ist nichts, als ein hoch entwickeltes Tier.« – Julien Offray de La Mettrie

Seine philosophische Schrift *Histoire naturelle de l'âme* (Naturgeschichte der Seele, 1745) und die ärztekritische Schrift *Politique du Médecin de Machiavel* (Medizinische Politik von Machiavelli) wurden 1746 in Paris per Gerichtsurteil verboten und vom Scharfrichter öffentlich verbrannt. Obwohl er die verbotenen Werke anonym publiziert hatte, musste er aus Frankreich fliehen. Seine Flucht führte ihn über Belgien in die Niederlande, die zu dieser Zeit das liberalste Land in Europa waren. Hier konnten Bücher gedruckt werden, die in anderen europäischen Ländern verboten waren. Aus seinem Exil in den Niederlanden veröffentlichte La Mettrie 1747 sein bekanntestes Werk *Le homme machine* (Die Mensch-Maschine). La Mettrie ignorierte die möglichen Konsequenzen und vertrat in dieser Schrift die Ansicht, dass der Mensch auch nur ein sprechendes Tier, eine biologische ›Maschine‹ und ein Produkt der Natur ist. Damit war La Mettrie in Teilen der Erkenntnis von Charles Darwin über die Evolution um mehr als 100 Jahre voraus. In den Augen der fanatisch glaubenden Mehrheit griffen die Schriften La Mettries ihre allerheiligsten Überzeugungen an. Ein absoluter Frevel und pure Ketzerei.

René Descartes hatte im 17. Jahrhundert für Aufruhr gesorgt, indem er den Tieren den Besitz einer ›Tierseele‹ absprach und sie stattdessen zu biologischen Maschinen erklärte. Descartes ›entseelte‹ die Tierwelt, entseelte aber nicht die Menschen und stellte das angeblich von Gott geschaffene Selbstbewusstsein in Form des selbständigen metaphysischen Geistes (›Seele‹) nie in Zweifel. Zumindest in diesem Punkt stimmte Descartes mit der Kirche überein. Nun trat La Mettrie im 18. Jahrhundert auf die philosophische Bühne und erklärte, der Geist oder die Seele seien auch nur biologische Funktionen des menschlichen Gehirns und der Mensch eben nur ein sprechendes Tier, das sich seine Erhabenheit bloß einredet. Er ging sogar so weit zu vermuten, dass man auch einem Affen das Sprechen beibringen könnte, wofür er sehr verlacht und geschmäht wurde. Tatsächlich haben Wissenschaftler seit Mitte der 1960er Jahre Schimpansen (die erste war die Schimpansin Washoe) die amerikanische Gebärdensprache erfolgreich beigebracht und man war über ihre Kommunikationsfähigkeit verblüfft. Mit La Mettrie tauchte für die religiösen Menschen seiner Zeit die düstere Ahnung am Horizont auf, dass auch ihre Kosmologie dem Untergang geweiht war und sie sich bald ihrer philosophischen Entgeistung würden stellen müssen.

> »Was war der Mensch vor der Erfindung der Worte und der Kenntnis der Sprachen? Ein Tier in seiner Art, welches mit weit weniger natürlichem Instinkt, als die anderen, für deren König er sich damals nicht hielt, nur in demselben Verhältnis vom Affen und den anderen Tieren zu unterscheiden war, wie der Affe es von letzteren ist.« – Julien Offray de La Mettrie

Als er nun auch aus den Niederlanden fliehen mußte, bot ihm Friedrich der II., König von Preussen, Asyl an. Friedrich der Große versprach ihm, dass er in Preussen frei seiner Arbeit nachgehen könne und so wurde er Arzt am Hof des Königs. Doch das Versprechen von Friedrich hielt nicht lange. Als La Mettrie das Buch *Discours sur le bonheur* (Diskurs über das Glück) bei Hofe verfasste, war Friedrich über dessen Inhalt so entsetzt, dass er La Mettrie verbot, es zu publizieren. Aussagen wie »Sei taub gegen die Einflüsterungen Deines Gewissens und höre nicht auf seine Stimme« sind auch heute noch geeignet, um gehörigen Anstoß zu erregen. La Mettrie kritisierte, dass die Moral von der Erziehung und nicht von rein menschlichen Gefühlen abhängig ist. Er stellte die Idee des Gewissens in Frage, das durch Erziehung geformt wird und dessen Urteil von kultureller Prägung abhängig ist: Die Soldaten eines Fürsten töten im Kriege andere Menschen ohne Gewissensbisse und empfinden das als Heldentaten, wohingegen die Stimme ihres Gewissens gegen andere, für La Mettrie völlig harmlose Verhaltensweisen Einspruch erhebt.

La Mettrie betrachtete den ›Diskurs über das Glück‹ als sein Meisterwerk und den Höhepunkt seines Schaffens und umging die königliche Zensur Friedrichs mit einem Trick: Er brachte sein Buch als Vorwort in einem von ihm selbst übersetzten Werk des Philosophen Seneca unter. Damit war das Vorwort umfassender als der eigentliche Inhalt des

Buches, mit dem das ›Vorwort‹ sich im direkten Widerspruch befand. Als die Drucker verwundert nachfragten, ob die preussische Zensur das Werk genehmigt hätte, wurden sie von La Mettrie belogen. Er erklärte ihnen, das Buch solle auf Geheiß des Königs persönlich gedruckt werden. Friedrich erfuhr erst von dem Streich La Mettries, als das Buch bereits in den Buchläden stand. Der König war außer sich und warf einige Exemplare des Buches eigenhändig ins Feuer. Aus seinen Aufzeichnungen geht hervor, dass sich La Mettrie bewusst war, dass er von diesem Moment an in Lebensgefahr schwebte. Er hatte sich mit seinen Erkenntnissen außerhalb dessen gestellt, was selbst den aufgeklärten Zeitgenossen gerade noch akzeptabel erschien. Im selben Jahr verstarb La Mettrie unter mysteriösen Umständen im Alter von 42 Jahren, angeblich, weil er in seiner typischen zügellosen Gier alleine eine verdorbene Fasanenpastete verspeist habe. Voltaire frohlockte über den Tod La Mettries und behauptete, es sei ihm Recht geschehen an seiner Zügellosigkeit zu sterben. Heute ist nicht mehr festzustellen, ob sein Diskurs über das irrationale Gewissen als Aufforderung verstanden wurde, den Protagonisten als Unmenschen zu betrachten den man ohne Gewissensbisse ermorden durfte oder ob er eines natürlichen Todes starb[2].

Zehn Jahre nach dem frühen Tod von La Mettrie im Jahr 1751 wurde zu Ostern 1761 in der Dom-Stifts-Kirche zu Augsburg gegen seine materialistische Philosophie gepredigt:

> Frag: Ob Der Mensch weiter nichts seye Als Eine Machine? Beantwortet Wider die Freydenker, Und Materialſten [3]
>
> „Es giebt Schwärmer unter den Freydenkern, welche ſo wenig als die Sadducäer eine Auferſtehung, oder einen

---

[2] Ich würde es gerne sehen, wenn man seine Überreste exhumieren würde und auf Gift untersuchen würde, sofern das heute noch möglich ist. Guido Knopp, übernehmen Sie.

[3] Von R. P. Francisco Neumayr S. J. Der hohen Dom-Stiffts-Kirche zu Augspurg. Ordinari-Predigern. Am dritten Oster-Feyrtag, Im Jahr dess HErrn 1761. Mit Genehmhaltung der Obern. Verlegt bey Frantz Xaveri Crätz, und Thomas Summer. (Ingolstadt und München.)

Geiſt glauben, ja halten den Menſchen für nichts mehr,
als eine Machine, welche wie die Krippel-Männlein nur
von auſſen in Bewegung geſetzt werden.
Diſe Unmenſchen zu beſchämen erweiſet die Predig drey Haupt-
Sätz, als

1. Der Menſch hat eine Seel.
2. Diſe Seel iſt ein Geiſt.
3. Diſer Geiſt iſt unſterblich.

Schlüſſe, wie ſehr ſich das Lutherthum ſchämen ſolle
wegen der ſcheutzlichen Mißgeburten, welche aus der
Freyheit zu dencken, dero es eine Mutter iſt, von Zeit zu
Zeit an das Tag-Liecht herfür kriechen."

(Aus dem Buch *Die Satiren des Herrn Maschine*)

La Mettrie, Julien Offrey de, philosophischer Narr und Arzt, geb. 1709 zu St. Malo, gest. 1751 zu Berlin, wohin ihn als ein vermeintliches Opfer der Intoleranz Friedrich II. gerufen hatte, um ihn zu seinem Vorleser und Akademiker zu machen. Seine Ansichten: Gott sei nichts, die menschliche Seele sei nichts, das Gehirn habe Muskeln zum Denken wie die Beine zum Gehen, mit dem Tode sei wie bei jedem Vieh alles aus und so fort verkündete La Mettrie unerhört frech, wälzte sich denselben gemäß im Schmutz und kam frühzeitig darin um. – Herders Conversations-Lexikon 1855

Julien Offroi de la Mettrie, ein medicinischer Charlatan, Freigeist und zügelloser Spötter, den Friedrich der Einzige, aus bekannter Vorliebe gegen die Franzosen, weit höher schätzte als er verdiente und ihn dadurch, vielleicht auf einige Jahre länger, der Vergessenheit entriß, die er als Mensch und Schriftsteller verdient. Zu St. Malo in Bretagne 1709 geboren, studirte er in Holland unter Boerhave und wurde nach seiner Rückkunft Arzt des Herzogs von Grammont. Da er als Arzt keinen großen Namen sich erwerben konnte, so suchte er dies durch Verbreitung des Materialismus (s. Realismus unter b) zu thun. Durch eine, jetzt äußerst seltene, Satire: Machiavel en medicine, brachte er alle Pariser Aerzte gegen sich auf und mußte nach dem Tode des Herzogs von Grammont, seines bisherigen Beschützers,

Frankreich verlassen. Er floh nach Holland, wo er sein am meisten berüchtigtes Werk: L'homme machine (worin er zu beweisen sucht, daß der Mensch eine bloße Maschine sei) bekannt machte. Da man aber hier diese Schrift verbrannte, so wie schon vorher seiner histoire naturelle de l'ame in Paris, auf Befehl des Parlamentes, durch den Scharfrichter gleiche Ehre wiederfahren war; so floh er 1748 nach Berlin, wo ihn Friedrich zu seinem Vorleser und zum Mitglied der Berliner Academie der Wissenschaften ernannte. Doch bald ward er sein eignes medicinisches Opfer. Er wollte eine Unverdaulichkeit, die er sich durch seine unmäßigen Schwelgereien zugezogen hatte, durch wiederholte Aderlässe heilen, beförderte aber durch diese in wenigen Tagen 1751 seinen Tod. Friedrich widmete ihm eine Lobschrift, in der er ihn einen aufgeklärten Philosophen, einen gelehrten Arzt und einen rechtschaffenen Mann nannte. Allein ganz entgegen gesetzt fiel über ihn die öffentliche Meinung und die Stimme der Kritik über seine Schriften aus, welche letztere doch nicht verhindern konnte, daß seine erborgten Grundsätze des Materialismus einige Jahrzehend später, in dem berüchtigten Systeme de la nature – von dem aber la Metrie nicht Verfasser war – von neuem verbreitet wurden.

– Brockhaus Conversations-Lexikon Bd. 8. Leipzig 1811

4.0.4 Das Individuum und sein Eigentum

Ähnlich kritische Gedanken hat der deutsche Philosoph Max Stirner zur Zeit des Vormärz (die Zeit vor der Märzrevolution 1848) vertreten. Max Stirner traf sich mit einem Berliner Philosophenzirkel von Linkshegelianern, an dem unter anderem Bruno Bauer, Ludwig Feuerbach, Karl Marx und Friedrich Engels teil nahmen. Einige Mitglieder hatten sich von der Religion dem Atheismus zugewandt und theoretisierten über reine Kritik, gesellschaftliche Veränderungen und dergleichen. Stirner stellte dagegen mit Sätzen wie »Mir geht nichts über Mich« das Individuum in den Mittelpunkt seiner philosophischen und politischen Analyse. Er wolle sich nicht länger für erhabene Ideen, denen sich das Individuum unterordnen solle, begeistern und enthusiasmieren lassen. Damit war Stirner im Konflikt mit den Mitgliedern des Philosophenzirkels, welche die Religion durch die Idee des Humanismus und des Kommunismus ersetzen wollten. Letztendlich stellte er sogar das menschliche Denken in Frage:

»Aber man braucht Euch nur an Euch zu mahnen, um Euch gleich zur Verzweiflung zu bringen. »Was bin Ich?« so fragt sich Jeder von Euch. Ein Abgrund von regel- und gesetzlosen Trieben, Begierden, Wünschen, Leidenschaften, ein Chaos ohne Licht und Leitstern! »Wie soll Ich, wenn Ich ohne Rücksicht auf Gottes Gebote oder auf die Pflichten, welche die Moral vorschreibt, ohne Rücksicht auf die Stimme der Vernunft, welche im Lauf der Geschichte nach bitteren Erfahrungen das Beste und Vernünftigste zum Gesetze erhoben hat, lediglich Mich frage, eine richtige Antwort erhalten? – Meine Leidenschaft würde Mir gerade zum Unsinnigsten raten.« -

So hält jeder sich selbst für den - Teufel; denn hielte er sich, sofern er um Religion usw. unbekümmert ist, nur für ein Tier, so fände er leicht, daß das Tier, das doch nur SEINEM Antriebe (gleichsam seinem Rate) folgt, sich nicht zum »Unsinnigsten« rät und treibt, sondern sehr richtige Schritte tut. Allein die Gewohnheit religiöser Denkungsart hat unseren Geist so arg befangen, daß Wir vor UNS in unserer Nacktheit und Natürlichkeit - erschrecken; sie hat Uns so erniedrigt, daß Wir Uns für erbsündlich, für geborene Teufel halten. Natürlich fällt Euch sogleich ein, daß Euer Beruf erheische, das »Gute« zu tun, das Sittliche, das Rechte.

Wie kann nun, wenn Ihr Euch fragt, was zu tun sei, die rechte Stimme aus Euch heraufschallen, die Stimme, welche den Weg des Guten, Rechten, Wahren usw. zeigt? Wie stimmt Gott und Belial? (Satan)

Was würdet Ihr aber denken, wenn Euch Einer erwiderte: daß man auf Gott, Gewissen, Pflichten, Gesetze usw. hören solle, das seien Flausen, mit denen man Euch Kopf und Herz vollgepfropft und Euch verrückt gemacht habe? Und wenn er Euch früge, woher Ihr's denn so sicher wißt, daß die Naturstimme eine Verführerin sei?

Und wenn er Euch gar zumutete, die Sache umzukehren, und geradezu die Gottes- und Gewissensstimme für Teufelswerk zu halten? Solche heillosen Menschen gibt's; wie werdet Ihr mit ihnen fertig werden? Auf Eure Pfaffen, Eltern und guten Menschen könnt Ihr Euch nicht berufen...«

»Mensch, es spukt in deinem Kopfe; Du hast einen Sparren zuviel! Du bildest Dir große Dinge ein und malst Dir eine Götterwelt aus, die für Dich da sei, ein Geisterreich zu welchem Du berufen seist, ein Ideal, das Dir winkt. Du hast eine fixe Idee!

Denke nicht, daß ich scherze oder bildlich rede, wenn Ich die am Höheren hängenden Menschen, und weil die ungeheure Mehrzahl hierhergehört, fast die ganze Menschenwelt für veritable Narren, Narren im Tollhause ansehe. Was nennt man denn eine fixe Idee?

Eine Idee, die den Menschen sich unterworfen hat. Erkennt Ihr an einer solchen fixen Idee, daß sie eine Narrheit sei, so sperrt Ihr den Sklaven derselben in eine Irrenanstalt. ...

Ist nicht alles dumme Geschwätz, z.B. unserer meisten Zeitungen, das Geplapper von Narren, die an der fixen Idee der Sittlichkeit, Gesetzlichkeit, Christlichkeit usw. leiden, und nur frei herumzugehen scheinen, weil das Irrenhaus worin sie wandeln einen so weiten Raum einnimmt? Man taste einem solchen Narren an seine fixe Idee, und man wird sogleich vor der Heimtücke des Tollen den Rücken zu hüten haben. ... Man muß die Tagesblätter dieser Periode lesen, und muß den Philister [Spießbürger] sprechen hören, um die gräßliche Überzeugung zu gewinnen, daß man mit Narren in ein Haus gesperrt ist. ... Ob ein armer Narr des Tollhauses von dem Wahne besessen ist, er sei Gott der Vater, Kaiser von Japan, der heilige Geist usw., oder ob ein behaglicher Bürger sich einbildet, es sei seine Bestimmung, ein guter Christ, ein gläubiger Protestant, ein loyaler Bürger, ein tugendhafter Mensch usw. zu sein - das ist beides ein und dieselbe ›fixe Idee‹«.

Wer es nie versucht und gewagt hat, kein guter Christ, kein gläubiger Protestant, kein tugendhafter Mensch usw. zu sein, der ist in der Gläubigkeit, Tugendhaftigkeit usw. gefangen und befangen. Gleichwie die Scholastiker [christliche Philosophen des Mittelalters] nur philosophierten innerhalb des Glaubens der Kirche, Papst Benedikt der XIV. dickleibige Bücher innerhalb des papistischen Aberglaubens schrieb, ohne je diesen Glauben in Zweifel zu ziehen, Schriftsteller ganze Folianten über den Staat anfüllen, ohne die fixe Idee des Staates selbst in Frage zu stellen, unsere Zeitungen von Politik strotzen, weil sie in dem Wahne gebannt sind, der Mensch sei dazu geschaffen, ein Zoon politikon zu werden, so vegetieren auch Untertanen im Untertanentum, tugendhafte Menschen in der Tugend, Liberale im »Menschentum« usw., ohne jemals an diese ihre fixen Ideen das schneidende Messer ihrer Kritik zu legen.

> Unverrückbar, wie der Irrwahn eines Tollen, stehen jene Gedanken auf festem Fuße, und wer sie bezweifelt, der - greift das HEILIGE an! Ja, die fixe Idee, das ist das wahrhaft Heilige!!!"

Das Buch von Max Stirner sollte ursprünglich ›Ich‹ heißen, erschien dann aber unter dem Titel »Der Einzige und sein Eigentum«. Unter den Mitgliedern des Berliner Philosophenzirkels sorgte die Aussage »Unsere Atheisten sind fromme Leute« für Empörung. Karl Marx fühlte sich derart angegriffen, dass er eine längliche Erwiderung auf den philosophischen Widersacher schrieb, die ähnlich umfangreich geriet wie das Buch Stirners. Die Marx'sche Rezension Stirners strotzt vor spöttischen Beleidigungen. Marx beschimpft Stirner als »den dürftigsten Schädel unter den Philosophen«, nennt ihn wahlweise »Sancho« (In Anlehnung an Sancho Pansa, den trotteligen Begleiter von Don Quixote), oder ›Sankt Max‹. Nach jahrelang währender Arbeit an der Rezension entschliesst sich Marx aber, das Ergebnis nicht zu veröffentlichen. Damit verhindert er, Aufmerksamkeit für die Philosophie des ›Einzelnen‹ zu erregen, die bereits weitgehend vergessen ist. Die Marx'sche Erwiderung auf Stirner wurde erst 60 Jahre später in dem Buch »Die deutsche Ideologie« veröffentlicht. Der intellektuelle Wettstreit mit Stirner inspirierte Marx und Engels zu der Idee des ›dialektischen Materialismus‹.

Auch Friedrich Nietzsche war peinlich darauf bedacht, jegliche Aufmerksamkeit für Stirners Namen und Werk zu vermeiden, um dessen Ideen wirksam zu bekämpfen. Obwohl Nietzsche darauf bedacht war, den Namen Stirner nie zu erwähnen, kann man mit Sicherheit davon ausgehen, dass er die Philosophie Stirners in seiner Jugend gelesen hat. In dieser Zeit erlitt er auch seinen ersten Nervenzusammenbruch. Er schrieb:

> »Als ich jung war, bin ich einer gefährlichen Gottheit begegnet, und ich möchte Niemandem das wieder erzählen, was mir damals über die Seele gelaufen ist – sowohl von guten als von schlimmen Dingen. So lernte ich bei Zeiten schweigen, so wie, dass man reden lernen müsse, um recht zu schweigen: dass ein Mensch mit Hintergründen Vordergründe nötig habe, sei es für Andere, sei es für sich selber: denn die Vordergründe sind einem nötig, um von sich selber sich zu erholen, und um es Anderen möglich zu machen, mit uns zu leben.« – Friedrich Nietzsche

1885

Nietzsche verschweigt den Namen dieser ›gefährlichen Gottheit‹. Seine Taktik, den Namen Stirner nirgendwo zu erwähnen, brachte ihm den Vorwurf ein, er sei lediglich ein Plagiator Stirners. In der englischen Wikipedia findet sich ein länglicher Artikel über diese Vorwürfe und das Verhältnis Nietzsches zu Stirner. [4]

Der polnische Philosoph Leszek Kolakowski schrieb, die von Stirner beabsichtigte »Destruktion der Entfremdung, also die Rückkehr zur Authentizität, wäre nichts anderes als die Zerstörung der Kultur, die Rückkehr zum Tiersein ... zum vormenschlichen Status«. Der deutsche Philosoph Hans Heinz Holz warnte gar vor dem Untergang der Menschheit: »der Stirner'sche Egoismus, würde er praktisch, würde in die Selbstvernichtung des Menschengeschlechts führen«.

4.0.5 Der Semmelweis-Reflex

Anfang des 19. Jahrhunderts bringen immer mehr Frauen ihre Kinder im ›Allgemeinen Krankenhaus‹ in Wien zur Welt. Doch seit etwa 1830 sterben in der ersten Geburtsabteilung der Klinik, in der die Geburten von Ärzten begleitet werden, immer mehr Wöchnerinnen an Kindbettfieber. In vielen Jahren sterben fast zehn Prozent der Frauen an ›Puerperal-Fieber‹, wie die Krankheit zu dieser Zeit genannt wird, in manchen Jahren fast ein Drittel. Die Ursache der Krankheit ist noch unbekannt. Die Ärzteschaft hat mehrere Erklärungen zur Hand: Das Wetter oder giftige Dämpfe. Seltsamerweise tritt die tödliche Krankheit bei Hausgeburten oder in der zweiten Geburtsabteilung des Hauses, in der die Geburten von Hebammen durchgeführt werden, nur selten auf. Dort stirbt nur jede dreissigste Wöchnerin am Kindbettfieber, obwohl kaum anzunehmen ist, dass das Wetter oder die Luft anders sein könnten.

---

[4] http://en.wikipedia.org/wiki/Relationship_between_Friedrich_Nietzsche_and_Max_Stirner

Geburtshilfe ist eine Frauenangelegenheit und deshalb in der von patriarchalem Denken geprägten und ausschliesslich männlichen Ärzteschaft nicht besonders angesehen, weshalb sich die Geburtsabteilungen in einem ziemlich schäbigen Gebäude direkt neben der Leichenhalle befinden, in der Ärzte und Studenten Obduktionen an Leichen durchführen. Nach den Obduktionen waschen sie sich die Hände lediglich mit Seife, bevor sie – oft unmittelbar danach – in die erste Geburtsabteilung hinübergehen, um bei Geburten zu helfen und vaginale Untersuchungen zu machen.

Zu dieser Zeit arbeitet der junge ungarische Assistenzarzt Ignaz Semmelweis in der mörderischen ersten Geburtsabteilung. Er zweifelt an den absurden Theorien seiner Ärztekollegen. Als 1847 ein befreundeter Kollege durch eine Blutvergiftung stirbt, nachdem ihn ein Student bei einer Leichensektion mit einem Skalpell verletzt hatte, kommt Semmelweis zu einer Erkenntnis. Bei der Obduktion der Leiche seines Freundes stellt sich heraus, dass der Verstorbene Sypmtome aufweist, die dem ›Puerperal-Fieber‹ gleichen. Semmelweis erkennt, dass es sich um eine Ansteckungskrankheit handelt und dass Ärzte und Studenten die Krankheit von den Leichenhalle zu den Wöchnerinnen hinüber tragen müssen. Es ist der einzige direkte Unterschied zwischen der gefährlichen Geburtsabteilung der Ärzte und der Geburtsabteilung der Hebammen, in der die Krankheit nur selten auftritt. Bakterien und Viren hat die Wissenschaft noch nicht entdeckt, deshalb geht Semmelweis von einer Art ›Leichengift‹ als Ursache der Krankheit aus.

Daraufhin beginnt Semmelweis mit Hygienemaßnahmen zu experimentieren, um die Übertragung des ›Leichengifts‹ zu unterbinden. Er weist seine Studenten an, sich die Hände nach dem Besuch der Leichenhalle mit Chlorkalk zu desinfizieren, bevor sie in die Geburtsstation gehen. Die Mehrheit seiner Ärztekollegen halten die Idee für ›groben Unfug‹ und Hygiene für ›reine Zeitverschwendung‹. Trotzdem gelingt es Semmelweis, den Klinikchef zu einem Versuch mit Desinfektion zu überreden. Der Erfolg ist durchschlagend, die Zahl der Erkrankungen geht drastisch zurück, es kommt aber nach einer Weile wieder zu einem vorübergehenden Anstieg. Bei der Untersuchung dieses Ereignisses entdeckt Semmelweis, dass die Infektion nicht nur von Leichen, sondern auch von den eiternden Wunden lebender Menschen ausgehen kann. Er weist die Studenten daraufhin an, sich grundsätzlich vor jeder Behandlung die Hände zu desinfizieren. Dadurch lässt sich die Sterblichkeitsrate in der ersten Geburtsabteilung auf 1,3 Prozent senken und liegt damit unter der Sterblichkeitsrate der Geburtsabteilung der Hebammen.

Obwohl die Existenz von Bakterien und Viren noch nicht bekannt ist und Semmelweis die Erreger nicht nachweisen und isolieren kann, ist seine Arbeit von 1847/48 die erste evidenzbasierte medizinische Forschung in der Geschichte der Medizin. Er veröffentlicht das Ergebnis seiner Untersuchung in zwei Artikeln in medizischen Fachzeitschriften. Doch auch wenn die Resultate seiner Bemühungen durchschlagend sind und einige Ärzte sein Verfahren anwenden, hält die Mehrheit seiner Ärztekollegen nichts von seiner Methode. Sie bezeichnen seine Studie sogar als ›unwissenschaftlich‹. Das erscheint auf den ersten Blick erstaunlich, doch die Entdeckung von Semmelweis beweist, dass die Ärzte über Jahrzehnte hinweg tausenden Wöchnerinnen den Tod gebracht haben. Sie selbst haben die Frauen mit den tödlichen Erregern infiziert. Würden sie eingestehen, dass sie durch die schlechten hygienischen Verhältnisse den Tod tausender Frauen verursacht haben, würden sie als Scharlatane und Kurpfuscher dastehen. Stattdessen haben sie sich mit absurden Theorien von Wettereinflüssen und schlechter Luft vertröstet. Das Ausmaß ihres Versagens wird noch dadurch verdeutlicht, dass das Problem in der von Frauen betreuten Geburtsabteilung nur selten auftrat – ein schwerer Schlag für den chauvinistischen Glauben an ihre männliche Überlegenheit gegenüber Frauen. Sie sind unfähig ihre Ignoranz und Schuld einzuräumen. Ein Kollege von Semmelweis dagegen kann mit dem Bewusstsein der Schuld nicht leben – er tötet sich selbst.

Semmelweis könnte durch seine Erkenntnis tausende Menschenleben retten, doch es passiert genau das Gegenteil. Als Reaktion auf seine Studie wird das Arbeitsverhältnis von Semmelweis im ›Allgemeinen Krankenhaus‹ in Wien beendet. Er schliesst sich einer Ärztevereinigung an und überzeugt diese von der Notwendigkeit, eine weitere Studie durchzuführen. Dieses Ansinnen wird jedoch durch die Einflussnahme des Klinikchefs des Allgemeinen Krankenhauses per Ministerialdekret verboten. Semmelweis muss mit wachsender Verzweiflung ansehen, wie seine Kollegen wieder besseren Wissens immer mehr Frauen den Tod bringen. Der Fall Semmelweis ist damit ein Paradebeispiel kollektiver kognitiver Dissonanz und Kognitionsverzerrung.

Semmelweis verlässt Österreich und geht zurück nach Budapest, wo er keine Probleme damit hat, seine lebensrettenden Maßnahmen zu etablieren. 1861 unternimmt er einen weiteren Anlauf, um seine Erkenntnis der Ärzteschaft zu vermitteln und veröffentlicht seine Entdeckung in einem Buch. Seine Kollegen lehnen seine Forschung weiterhin ab. In seiner Verzweiflung beginnt Semmelweis offene Briefe zu schreiben, in denen er seine uneinsichtigen Kollegen als "Mörder" beschimpft:

> »Ich trage in mir das Bewusstsein, dass seit dem Jahre 1847 Tausende und Tausende von Wöchnerinnen und Säuglingen gestorben sind, welche nicht gestorben wären, wenn ich nicht geschwiegen, sondern jedem Irrtum, welcher über Puerperal-Fieber verbreitet wurde, die nötige Zurechtweisung hätte Teil werden lassen [...]. Das Morden muss aufhören, und damit das Morden aufhöre, werde ich Wache halten, und ein jeder, der es wagen wird, gefährliche Irrtümer über das Kindbettfieber zu verbreiten, wird an mir einen rührigen Gegner finden. Für mich gibt es kein anderes Mittel, dem Morden Einhalt zu tun, als die schonunglose Entlarvung meiner Gegner, und niemand, der das Herz auf dem rechten Fleck hat, wird mich tadeln, dass ich diese Mittel ergreife.«
> Semmelweis in einem Brief an Späth in Wien, 1861

> »Sollten Sie aber, Herr Hofrat, ohne meine Lehre widerlegt zu haben, fortfahren, Ihre Schüler und Schülerinnen in der Lehre des epidemischen Kindbettfiebers zu erziehen, so erkläre ich Sie vor Gott und der Welt für einen Mörder.«
> Semmelweis in einem Brief an Scanzoni in Würzburg, 1861

Mit seinen offenen Briefen und Drohungen wird Semmelweis für die Ärzteschaft zu einem unerträglichen Ärgernis. 1865 wird er gewaltsam von drei Ärztekollegen in die Irrenanstalt Döbling bei Wien verschleppt. Innerhalb von zwei Wochen stirbt Semmelweis dort unter ungeklärten Umständen. Auf seinem Totenschein wird attestiert, er sei an ›Blutvergiftung‹ gestorben. Er habe dem Anstaltspersonal gegenüber Widerstand geleistet und sich dabei an einem Finger verletzt, der sich infiziert habe. Bei der Exhumierung seiner Leiche sind dagegen Frakturen an Händen, Armen und Brustbein festgestellt worden. Bis heute hält sich die Legende, Semmelweis sei eines natürlichen Todes in ›geistiger Umnachtung‹ verstorben.

Semmelweis wird bis heute sein verzweifeltes Bemühen um die Akzeptanz seiner Erkenntnis zum Vorwurf gemacht – aber wie hätte er ohne emotionale Beteiligung dem mörderischen Treiben seiner Kollegen in der k.u.k. Monarchie tatenlos zusehen können, gegen das er letztendlich machtlos war? Wegen seiner Empörung und Verbitterung wird ihm bis heute eine Mitschuld an dem Verhalten der Ärzteschaft zum Vorwurf gemacht. Der Stachel sitzt offensichtlich tief. Der Schriftsteller Robert Anton Wilson hat für das Phänomen der Ablehnung neuer wissenschaftlicher Erkenntnisse ohne nähere Überprüfung und unter Ausblendung der Fakten den Begriff ›Semmelweis-Reflex‹ geprägt. Einer der wenigen Unterstützer von Semmelweis, der Arzt Dr. Kungelmann aus Hannover schrieb am 10. August 1861 an Semmelweis:

> »Nur sehr wenigen war es vergönnt, der Menschheit wirkliche, große und dauernde Dienste zu erweisen, und mit wenigen Ausnahmen hat die Welt ihre Wohltäter gekreuzigt und verbannt. Ich hoffe also, Sie werden in dem ehrenvollen Kampfe nicht ermüden, der Ihnen noch übrig bleibt.«

Bereits 1863, zwei Jahre vor dem gewaltsamen Tod von Semmelweis, wurde der Anthrax-Bazillus als Erreger von Milzbrand entdeckt. Einige Jahre nach seinem Tod setzt sich in der Wissenschaft durch die Arbeit von Louis Pasteur die Erkenntnis durch, dass Mikroorganismen Infektionskrankheiten verursachen können. Endlich werden Hygienemaßnahmen in Krankenhäusern ergriffen. Die Sterblichkeitsrate durch Kindbettfieber sinkt bis zum Anfang des 20. Jahrhunderts auf 0,1 Prozent.

4.0.6 Die wahren Gläubigen

Niemand kann eine Person von einer Überzeugung abbringen, die darauf aufbaut, dass sich diese Person bewusst selbst belügt. Zu diesem Ergebnis kommt M. Lamar Keene seinem 1976 veröffentlichten Buch »The Psychic Mafia«:

> »Ich wusste, wie einfach es ist, die Leute eine Lüge glauben zu machen, aber ich hatte nicht erwartet, dass die gleichen Leute, mit der Wahrheit konfrontiert, die Lüge gegenüber der Wahrheit bevorzugen würden. Keine Logik der Welt kann einen Glauben erschüttern, der auf einer bewussten Lüge basiert.«

Keene berichtet in seinem Buch von einem Medium namens Raul. Raul hatte mit der Dummheit und dem Aberglauben seiner Mitmenschen gutes Geld durch Seancen und ähnlichen Blödsinn verdient. Irgendwann gab Raul offen zu, dass alles nur Schwindel und Betrug war, und dass er gar kein echtes Medium sei und zudem auch nur ein schlechter Schauspieler. Zu seiner Überraschung waren seine Anhänger nicht dazu bereit, die Wahrheit zu akzeptieren. Sie bevorzugten weiterhin zu glauben, dass er ein echtes Medium sei.

4.0.7 Von der Schwierigkeit mit berechtigter Kritik umzugehen

Besonders starke kognitive Dissonanz entsteht dann, wenn eine Person Informationen erhält, die sie, entgegen ihres eigenen positiven Selbstbilds, als dumm, unmoralisch oder irrational handelnd dastehen lassen. Umgangssprachlich nennen wir das ›einen peinlichen Moment‹. Um das dumme Spannungsgefühl der kognitiven Dissonanz abzuwehren belügt eine Person sich selbst. Psychologen nennen das ›Rationalisierung‹. Da die Betroffenen gewohnt sind, sich selbst Vorwürfe zu machen und sich selbst zu bestrafen, versuchen sie ihre Selbstbestrafung abzuwenden, indem sie sich selbst über das Ausmaß ihrer Selbsttäuschung täuschen. Der ›Verstand‹ hat sie in die Irre geführt und droht sie nun dafür durch Selbstvorwürfe zu bestrafen. Also benutzen sie denselben ›Verstand‹ um sich vor der Selbstbestrafung zu schützen: Nur wer zu sich selbst redet, kann sich selbst belügen.

Unsere erste Reaktion ist, dass wir solchen Enthüllungen gerne ausweichen möchten. Wir legen uns selbst eine Ausrede zurecht, sagen uns, dass alles nicht so schlimm und gar nicht wahr ist, dass der Mensch der uns das sagt, keinerlei Autorität besitzt und unglaubwürdig ist - wegen Kleidung, Aussehen, Sprache, Herkunft, gesellschaftlichem Rang und so weiter – bevor wir den Überbringer der schlechten Nachricht wegen der Kränkung unseres falschen Stolzes erschiessen, ihn lächerlich machen oder einfach ignorieren. Im Fall Semmelweis gilt der starke ungarische Akzent als einer der Gründe für die Ablehnung seiner Ärztekollegen. Kognitive Dissonanz und irrationale Strategien zu Dissonanzreduktion sind in der menschlichen Gesellschaft überall zu beobachten.

Würden die von dieser Art der kognitiven Realitätsverzerrung betroffenen Personen einsehen, dass sie sich gar nicht selbst bestrafen müssen, sondern lediglich ihr Verhalten korrigieren müssten, wären sie viel leichter in der Lage, ihre Fehler einzugestehen. Sie könnten Irrtümer einsehen ohne sich selbst dafür in Frage stellen oder weh tun zu müssen. Das wäre der erste notwendige Schritt. So lösen sie durch ihre Selbstlügen Probleme, die sie ohne ihre Selbstlügen und Selbstanklagen gar nicht hätten. Je länger sie sich selbst belügen, desto grösser wird das verdrängte Bewusstsein für ihre Schuld, z.B. die Menge der toten Wöchnerinnen und ihrer Säuglinge, die sterben mussten, nachdem der Wirkmechanismus durch Semmelweis bereits aufgedeckt war. Je größer die Schuld ist, desto verzweifelter sind die Anstrengungen die Schuldgefühle abzuwehren.

Dieser Teufelskreis entsteht letztendlich aus dem misslungenen Wunsch, sich durch mentale Kontrollmechanismen selbst zu verbessern. Weil Menschen sich selbst Fragen stellen und sich selbst gut zuzureden versuchen, gehen sie über ein Minenfeld von Selbstzweifeln. Es ist wie Treibsand. Ihre Bemühungen haben einen regressiven Effekt.

4.0.8 Alles in bester Ordnung

Bei einem Interview hat mir ein etablierter Journalist gesagt, nachdem er sich zuvor das Ausschalten der Mikrofone erbeten hatte, dass unsere Demokratie nicht funktioniert, weil die Mehrheit der Bevölkerung dumm und leicht zu manipulieren ist. Und er fügte hinzu: Aber sie ist das Beste, was wir haben.

Gib einem Menschen die Möglichkeit zu sagen, was er denkt, ohne dafür Bestrafung befürchten zu müssen und er fängt an die Wahrheit zu sagen. Dieser Satz ist nur allzu wahr, und er zeigt, dass wir in einer Kultur der Angst leben, in der das Individuum nicht frei ist. Die erste Lüge, die wir uns selbst erzählen, ist, dass wir nicht in einer Kultur der Angst leben. Es ist wie in dem Märchen »Des Kaisers neue Kleider«. Wir alle wissen genau, was von uns erwartet wird. Wir bemühen uns zu sehen, was wir glauben sehen zu müssen – obwohl der Kaiser nackt vor uns steht. Wir erwecken nach aussen hin einen äusserlichen Anschein, obwohl es uns nicht danach ist. Wäre es nicht besser, wir würden öfters mal die Wahrheit sagen, um mit den Mißständen in der Gesellschaft endlich aufzuräumen anstatt Selbstzensur zu üben? Wenn jeder sich selbst und wir uns alle gegenseitig zensieren, dann leben wir alle für eine Lüge. Ich denke, eine Gesellschaft, die auf Lügen basiert, ist es wert, dass sie zugrunde geht. Die Selbstvernichtung der Menschheit oder das Ende der Kultur vermag ich darin nicht auszumachen.

Was die Politik angeht, so leben wir faktisch in einer Oligarchie – genauer: in einer Plutokratie – die sich ihre Herrschaft in einem vierjährigen Ritual per Stimmabgabe durch die Bevölkerung legitimieren lässt, bei der sich politisches Personal zur Wahl stellt. Von Wahl zu Wahl schrumpft das Interesse der Wähler, weil alle wissen, dass Wahlen nichts ändern und sie von der Politik für dumm verkauft werden. Eine soziologische Untersuchung hat ergeben, dass in Deutschland 2012 55 Prozent der Wähler keinerlei oder nur sehr geringes Vertrauen in alle Parteien haben, die bei Bundestagswahlen antreten. Die Mehrheit der Wähler versucht bei Wahlen taktisch das kleinere Übel zu wählen, ohne sich dabei Illusionen hinzugeben. Aber wer möchte schon in dem Bewusstsein leben, dass man fremdbestimmt ist und die Rituale nichts daran ändern? Da hält man sich doch lieber an den gemeinsamen Illusionen fest und versichert sich selbst, dass das alles nicht so schlimm sei und fordert öffentlich ein Ende der Politikverdrossenheit.

In diesen Tagen beschäftigen wir uns sehr viel mit Enthüllungen. Die Whistleblowerin Chelsey Manning wurde zu 35 Jahren Haft wegen der Weitergabe von Informationen an Wikileaks verurteilt. Edward Snowden sitzt immer noch in Russland fest. Die Whistleblower sind im Gefängnis oder leben auf der Flucht in Angst.

Von George Orwell stammt das Zitat, dass Freiheit darin besteht, dass man das sagen kann, was andere nicht hören wollen. Aber auch wenn man die Freiheit hat, die Wahrheit zu sagen, ohne dafür ermordet zu werden oder in einem Lager zu verschwinden, heisst es nicht, dass man sich damit auch Gehör verschafft.

Die größte Sorge von Whistleblowern ist, dass die Öffentlichkeit den Inhalt der Enthüllung und ihre Tragweite gar nicht begreift, obwohl sie selbst bereit sind für diese Wahrheit ihr Leben und ihre Freiheit zu riskieren. Es genügt nicht, wie Wikileaks es praktiziert hat, große Mengen brisanter Informationen einfach nur ins Internet abzuwerfen und damit einer breiten Öffentlichkeit theoretisch zugänglich zu machen – sie müssen von den Medien auch aufgearbeitet und von der Öffentlichkeit wahrgenommen werden.

Douglas Adams schreibt in seinem Roman *Per Anhalter durch die Galaxis* von dem Auftreten von ›Problem-anderer-Leute-Feldern‹ – etwas, das unser Gehirn uns nicht sehen lässt, weil unser ›Intellekt‹ meint, es wäre das Problem anderer Leute.[5]

---

[5] »Ein PAL«, sagte Ford, »ist etwas, das wir nicht sehen oder nicht sehen können oder das unser Gehirn uns nicht sehen läßt, weil wir denken, es sei das Problem Anderer Leute. Genau das bedeutet PAL. Problem Anderer Leute. Das Gehirn streicht es einfach aus, es ist wie ein blinder Fleck. Wenn du es direkt anguckst, siehst du es nicht, es sei denn, du weißt genau, was es ist. Die einzige Hoffnung ist, daß man es zufällig aus dem Augenwinkel zu fassen kriegt.«

Wer kennt sie nicht, die Schlüsselszene aus dem ersten Film der Matrix-Triologie?

> Wenn Du die blaue Pille nimmst, ist alles vorbei. Du wachst auf in Deiner Welt und glaubst an das, was Du glauben willst. Nimm die rote Pille, und Du bleibst im Wunderland und ich führe Dich in die tiefsten Tiefen des Kaninchenbaus! Aber sei Dir dessen bewusst: Alles, was ich Dir anbieten kann, ist die Wahrheit.

> Die Matrix ist allgegenwärtig. Sie ist ein Gefängnis für Deinen Verstand. Sie soll Dich davon ablenken, dass Du in Wirklichkeit ein Sklave bist. Es ist sehr schwer jemanden zu erklären, was die Matrix ist. Jeder muss sie selbst erleben.

Die Wahrheit ist, dass Du ein Sklave Deines willkürlichen Denkens bist, Neo! Echtes Denken ist keine Willensanstrengung! Es ist eine Konvention des Gesellschaft, Selbstgespräche im Kopf für echtes ›Denken‹ zu halten. Du bist nicht die Stimme in Deinem Kopf.

Kapitel 5

Sind Selbstgespräche lautes Denken?

Im Jahr 2008 sorgte ein Mordprozess in Köln für Schlagzeilen. Die von den Phillipinen stammende Frau Lotis R. verschwand im April 2007 spurlos, nachdem es zwischen ihr und ihrem Mann Siegfried K. und dessen Familie einen intensiven Streit um das Sorgerecht für den gemeinsamen Sohn gegeben hatte. Die Polizei vermutete ein Gewaltverbrechen und verdächtigte Siegfried K. des Mordes an seiner Frau. Bei ihren Ermittlungen stellte die Polizei fest, dass Siegfried K. die Gewohnheit hatte in seinem Auto Selbstgespräche zu führen. Daraufhin wurde der Wagen mit einer Wanze abgehört. Mit Erfolg: »Die Lotis ist schon lange tot«, sagte der Verdächtige im Wagen zu sich selbst. »Oho, I kill her«, und: »Wir haben sie totgemacht.« Die Leiche von Lotis R. wurde nie gefunden.

Das Vorgehen der Polizei führte zu einem juristischen Streit um die gerichtliche Verwertbarkeit der abgehörten Selbstgespräche. 2011 urteilte der Bundesgerichtshof, dass Selbstgespräche ›lautes Denken‹ seien: »Der Grundsatz, dass die Gedanken frei und dem staatlichen Zugriff nicht zugänglich sind, beschränkt sich nicht auf innere Denkvorgänge«. Der Schutz der Menschenwürde schliesse auch das Aussprechen von

5. SIND SELBSTGESPRÄCHE LAUTES DENKEN?

Gedanken im Selbstgespräch mit ein, bei dem sich jemand »als allein mit sich selbst empfindet«. Die Kammer befand außerdem, dass Gebete keine Selbstgespräche, sondern Kommunikation mit Gott seien. Dem widersprach ein Anwalt: »Gott antwortet nicht.« Daraufhin erwiderte der Richter: »Manchen antwortet er.«

Der Fall Lotis R. und das Urteil des Bundesgerichtshofs führte vorübergehend zu einem gesteigerten Interesse der Medien für das Thema ›Denken und Selbstgespräche‹. D-Radio Wissen hat im Dezember 2012 eine Sendung unter dem Titel: »Sprich mit Dir – Warum es gut ist, sich mit sich selbst zu unterhalten« produziert. Auf der Webseite von D-Radio Wissen heißt es zu dem Beitrag:

> Menschen, die laut mit sich selbst sprechen, gelten als befremdlich. Dabei sind Selbstgespräche gang und gäbe: US-amerikanischen Forschern zufolge, sprechen 96 Prozent der Menschen mit sich selbst. (...) Wer mit sich selbst spricht, ist nicht verrückt. Schon Platon sagte: »Das Denken ist das Selbstgespräch der Seele.« Der Dialog mit dem Ich steigert die Leistungsfähigkeit, schärft das Denken und reduziert Stress. Wer mit sich selbst spricht, der denkt, sagt der Psychologe Dietrich Dörner. Er ist einer der ersten Wissenschaftler, die sich mit dem Forschungsfeld der Selbstgespräche beschäftigt haben. [1]

Selbstgespräche sind also dasselbe wie ›Denken‹, behauptet zumindest der zitierte Psychologe Dörner. Ich bin sicher, dass er sich das eingeredet hat, schliesslich behauptet er ja selbst, dass es ›Denken‹ sei, wenn man sich selbst Dinge einredet. Ich habe dagegen das Gefühl auf einem Planeten mit Erwachsenen eingesperrt zu sein, die wie Kinder ›denken‹ und größtenteils einen ordentlichen Hau weg haben.

Die meisten Menschen kennen den Philosophen Platon, zumindest dem Namen nach. Sie glauben wie Platon auch, dass das Denken das Selbstgespräch einer ›Seele‹ sei. Das erleben sie täglich selbst in Form ihres eigenen, ständigen inneren Monologes oder Dialoges. Für sie scheint die Behauptung Platons daher selbstevident zu sein. Platon glaubte an die

---

[1] http://wissen.dradio.de/selbstgespraeche-sprich-mit-dir.33.de.html?dram:article_id=231562

Freiseele, die angeblich unabhängig vom Körper existieren kann. Mit den Worten ›und schon Platon sagte‹ wird uns Unsinn aufgetischt. Was ist mit dem bodenständigen Epikur – wenn wir schon bei antiken griechischen Philosophen sind – der nicht an die Freiseele glauben wollte? Epikur verstand, dass das Denken nur eine Funktion des Körpers ist, die mit dem Körper entsteht und vergeht.

Wenn ich einen neckischen Tag habe, dann frage ich meine Mitmenschen: 'Formulieren Sie in Ihrem Kopf Fragen, die Sie an sich selbst richten? Diejenigen, die ›Ja‹ sagen, frage ich: ›Was können Sie sich sagen, das Sie noch nicht wussten, bevor Sie angefangen haben, es sich zu sagen? Also – was haben Sie aus Ihren eigenen Worten gelernt, nachdem Sie zu sich fertig gesprochen haben?‹
›Nichts.‹
›Ja, richtig, das sehe ich genau so. Aber: Wenn Sie sich bewusst sind, dass Sie sich nichts sagen können – warum stellen Sie sich dann Fragen?‹ Meine Zeitgenossinnen und Zeitgenossen schauen dann meistens ziemlich verwirrt drein. Der manuelle Frage-Antwort-Kalkulator in ihrem Gehirn weiß mit dieser Frage nichts anzufangen. Die Verarbeitung der Informationen in ihrem ›Geist‹ versagt, weil ich die Grenzen ihres ›Bewusstseins‹ damit ein bisschen zu sehr dehne.

Ich habe selten eine Person getroffen, die die Frage, ob sie sich selbst Fragen stellt, verneint hätte. Es bleibt festzuhalten: Alle Menschen, die Fragen formulieren, die sich an sie selbst richten, reden mit sich selbst. Man befindet sich bereits in einem Selbstgespräch, wenn man an sich selbst gerichtete Fragen formuliert – und nicht erst, wenn man versucht, sie sich selbst zu beantworten. Offensichtlich versuchen die allermeisten Menschen, sich durch ihre innere Sprache selbst Dinge mitzuteilen. Sie sind verdutzt, wenn ich ihnen sage, dass ich mir keine Fragen stelle und mir selbst überhaupt nichts sage, da ich davon ausgehe, dass ich nur eine einzelne Person bin und ich mir deswegen rein gar nichts mitzuteilen habe. Meine Stimme weiß auch nicht mehr, als ich. Ich kann mir von mir selbst auch kein Geld leihen. Also, was hätte ich mir schon zu sagen, das ich noch nicht weiß, bevor ich anfange, es mir zu sagen? Ich kann mir nicht sagen, was ich nicht weiß und das, was ich weiß, brauche ich mir nicht zu sagen – aber ich kann es für andere in Worte fassen.

KAPITEL 5. SIND SELBSTGESPRÄCHE LAUTES DENKEN?

Es ist hilfreich, anderen Dinge sagen zu können, aber man kann sich selbst überhaupt nichts sagen, jedenfalls, wenn man noch alle Tassen im Schrank hat. Man kann versuchen, sich mit seiner Muttersprache selbst Dinge mitzuteilen – man kann aber auch erkennen, dass der Versuch sinnlos ist und es beenden. Derartige Selbstbeschäftigung mit der eigenen Sprache ist ermüdend. Sie gleicht dem Versuch, mit angezogener Handbremse Auto zu fahren. Man kommt zwar nur schlecht vorwärts, aber es macht laute Geräusche. Wenn man die ersten 8000 Kilometer mit angezogener Handbremse gefahren ist, kommt man dann auch wieder leichter vorwärts. Nur beim Parken an steilen Hängen muss man Steine vor die Räder legen.

Ich persönlich kenne ausschliesslich Erwachsene, die auf Nachfrage zugeben, dass sie innerlich in Gedanken zu sich selbst reden. Sie führen einen logischen Disput mit einer oder mehreren inneren Stimmen, der ihrem Verständnis der Welt und der Abschätzung ihrer Handlungen dienen soll. Nach meiner persönlichen, nicht empirisch belegten Einschätzung, sind es praktisch alle, die im Innern ihres Kopfes Dialoge oder Monologe in einer komplexen Symbolsprache führen. Gehörlose, die mit sich selbst reden, tun es übrigens in Bilder- oder Zeichensprache.

»Wer mit sich selbst spricht, der denkt«, zitiert D-Radio Wissen den Psychologen Dörner, der dann auch im Interview gesagt hat: »Zumindest das höhere Denken besteht immer darin, dass man – meistens aber leise – mit sich selbst spricht. (...) Leute, die keine Probleme haben, die denken gar nicht. Denken ist ja einfach eine Methode des Problemlösens. Und wenn man keine Probleme hat, was allerdings aber bei den meisten Menschen wohl kaum vorkommt, Menschen haben immer Probleme – oder fast immer – dann redet man nicht mit sich selbst.«

Wir halten also fest: Diejenigen, die laut oder heimlich mit sich selbst reden, um ein höheres Niveau von ›Denken‹ zu erreichen, als wenn man das Gehirn einfach so seine Arbeit machen lässt, haben immer Probleme. Probleme, mit denen sie gut fertig werden, schliesslich reden sie ja zur Unterstützung ihrer Intelligenz mit sich selbst. Ich nenne sie jetzt mal die Gruppe A. Diejenigen, die nicht im Vorderlappen des Großhirns Selbstgespräche führen, um die höheren Weihen des Geistes zu erklimmen, haben keine Probleme. Das ist Gruppe B. Das einzige, ernsthafte Problem von Gruppe B ist Gruppe A. Auch wenn Gruppe B nicht mit sich selbst redet, kann Gruppe A die Gruppe B ganz schön zur Verzweiflung bringen.

Ich gehöre zu Gruppe B. Die Gruppe B ist eine kleine und unbedeutende Randgruppe, was mir gelegentlich schlechte Laune macht. Wenn ich Probleme habe, dann rede ich nicht zu deren Lösung mit mir selbst. Ich lasse mein Gehirn hier zwischen den Ohren seine Arbeit tun und mache mir keine zusätzlichen ›Gedanken‹. Ich mache mir keine Gedanken und ich denke auch nicht darüber nach.

»Wer mit sich selbst redet, ist nicht verrückt«, haben die Sendungsmacher von D-Radio dem hinzugefügt. Da bin ich aber ganz anderer Meinung. Wer mit sich selbst redet, kann nicht bestreiten, dass er/sie sich Dinge einredet. Außerdem kann er/sie nicht verleugnen, dass er/sie offensichtlich nicht weiß, was er/sie sagt, sonst müssten sie ja nicht ihrer eigenen Stimme lauschen. Quod erat demonstrandum.

Sollte man den schwafelköpfigen Psychologen glauben und deshalb annehmen, dass Menschen, die nicht zu sich selbst reden, gar nicht denken? Oder sind Menschen, die nicht zu sich selbst reden, am Ende sogar verrückt, weil ihr Verhalten von der Norm abweicht – denn sie sagen sich ja gar nicht selbst, wie sie sich zu verhalten haben?!

Es ist ganz gleich, ob nun 96 oder 99,9 Prozent der erwachsenen Bevölkerung zur Gruppe A gehören, die ständig zu sich selbst reden. Da die Verbreitung des Phänomens der inneren sprachlichen Diskurse in der Gesellschaft praktisch allgegenwärtig ist, entspricht es durchaus der sozialen Norm, wenn man Gruppe A angehört. Wer nicht zu sich selbst redet, gehört daher zu einer verschwindend kleinen Gruppe und weicht darin von der Norm ab. Aber ist es deshalb auch sinnvoll, innere Dialoge oder Monologe zu führen, nur weil praktisch alle es tun und auch der antike Platon das schon so gesagt hat?

5.0.1 Sprache und Denken

Büßt ein Mensch, der krankheitsbedingt seine Sprache verliert, damit auch die Fähigkeit ein, logisch zu denken? Die meisten Menschen sind schliesslich davon überzeugt, dass das Alltagsdenken zur Bewältigung alltäglicher Probleme auf Sprache angewiesen ist.

Diese Annahme empört viele Menschen, die sich mit dem Schicksal von Aphasikern beschäftigen. Bis heute leiden Aphasiker unter dem Vorurteil, der Verlust der Sprachfähigkeit sei eine ›geistige Behinderung‹. Aphasiker leiden häufig unter Wortfindungsstörungen oder Wortverwechslungen, wenn die Aphasie nicht global ist. Sprechgewohnheiten von Aphasikern reichen von totalem Sprachverlust, seltenem Sprechen, normaler Sprechhäufigkeit bis zum überschiessenden Sprechdurchfall (Logorrhoe). Wenn Aphasiker sprechen, dann ist es, je nach Schwere der Erkrankung mehr oder weniger unverständliches Kauderwelsch oder sie sind eben sprachlos. Es ist in der Vergangenheit häufig vorgekommen, dass Patienten mit Aphasie in geschlossenen psychiatrischen Anstalten untergebracht wurden, weil Ärzte nicht in der Lage waren, Formen von Aphasie von Psychosen zu unterscheiden. Die Betroffenen waren somit nicht nur krankheitsbedingt von der sprachlichen kommunikativen Welt ausgeschlossen, sondern wurden auch zusammen mit echten Psychotikern in geschlossene Anstalten eingesperrt und zwangsweise 'therapiert'!

Stellen Sie sich bitte nicht vor, dass Aphasiker in der Lage wären, in Gedanken zu sich selbst reden. Aphasie ist der partielle oder globale Verlust der Sprachfähigkeit. Würde eine Person durch eine zerebrale Erkrankung nur die Fähigkeit verlieren, ihren äußeren muskulären Sprechapparat zu gebrauchen, könnte sie immer noch lesen und schreiben und sich so verständigen. Das ist bei Aphasie nicht der Fall. Aphasie ist der Verlust der Sprache, also können Aphasiker auch nicht mehr mental in ihrem Kopf zu sich selbst reden, so wie es die ›normalen‹ Menschen tun.

Wir können von Aphasikern lernen, was Sprache mit Denken zu tun hat. In nicht-sprachlichen Intelligenztests erbringen Aphasiker normale Kognitionsleistungen. Sofern sich die krankheitsbedingten Schäden am

Gehirn auf die Sprachfähigkeit beschränken, wird die Intelligenz und damit die Fähigkeit logisch zu denken bei nicht-sprachlichen Problemstellungen nicht beeinträchtigt. Das ist ein klarer Beweis, dass Denken und Kommunizieren zwei voneinander getrennte Funktionen des Gehirns sind. Wir brauchen selbstverständlich beide Funktionen des Gehirns. Ohne Kognitionen haben wir nichts zu sagen und ohne Sprache können wir es nicht ausdrücken. Aber wir haben nicht allein deshalb Kognitionen, weil wir die Gehirnfunktion Sprache dazu verwenden um mit uns selbst zu reden. Das zu glauben ist eine absurde Scheinlogik, ist kindisches Wunschdenken: Ich habe Informationsbedarf, also frage ich mich selbst. Es ist vielmehr umgekehrt: Wer zum Lösen von nicht-sprachlichen Problemstellungen zuerst das Problem versprachlicht, löst Probleme deutlich langsamer. Auch das haben psychologische Tests ergeben.

Das Gehirn kann im tiefen Denken simultan auf alle vorhandenen Informationen zugreifen. Dagegen entfalten sich Informationen in der Sprache nur sukzessiv, da Sprache Probleme nur sequentiell (nacheinander abfolgend) beschreibt. Geht man den Umweg, sich selbst Informationen über den Umweg der Sprache zugänglich machen zu wollen, schränkt man das Kognitionsvermögen massiv ein.

5.0.2 Flow

Das bewusste, sprachlich-logische diskursive monologisch-dialogische Denken wird im Vorderlappen des Großhirns lokalisiert, dem präfrontalen Cortex. Gehirnaktivität im präfrontalen Cortex lässt sich nicht direkt beobachten – man kann also nicht ›hören‹ was jemand ›denkt‹, aber es lässt sich messen, ob Aktivität in dieser Gehirnregion vorhanden ist, und wie stark sie ausgeprägt ist.

Wissenschaftliche Untersuchungen haben ergeben, dass Menschen, die ein besonderes Talent haben - seien es nun Maler, Musiker, Mathematiker oder Chirurgen – bei der Ausübung ihrer Begabung keine messbare oder nur marginale Aktivität im Vorderlappen des Großhirns haben.

Das heißt: Die beeindruckenden Kognitionsleistungen von sogenannten ›Genies‹ finden gar nicht in dem Bereich des Gehirns statt, wo bei Otto und Ottilie Normalverbraucher der Alltagsverstand sitzt und sich mit Selbstgesprächen beschäftigt. Die Gehirne von ›Genies‹ sind bei ihrer Lieblingsbeschäftigung innerlich praktisch gedanken- und sprachlos. Und doch lösen sie komplexe Aufgaben mit atemberaubender Geschwindigkeit, Kreativität und Präzision.

Es ist vielmehr umgekehrt: Durch Beenden des inneren sprachlichen Monologes/Dialoges lassen sich Kognitionsleistungen und Lerngeschwindigkeit steigern. Man nennt das ›Schaffensrausch‹ oder ›Flow‹. Diesen Effekt machen sich gute Programmierer, Sportler oder Künstler zu Nutze. Der Effekt des Schaffensrauschs stellt sich ein, wenn man eine Tätigkeit beherrscht, die man gerne ausübt, weil sie Befriedigung verschafft. Man denkt nicht mehr über seine Arbeit nach, sie beginnt zu fließen. Dazu muss sich die Tätigkeit in einem Bereich der Aufmerksamkeit bewegen, in dem man weder durch Unterforderung gelangweilt noch überfordert ist. Befindet man sich an diesem Punkt, kommt man zügig voran und erlebt ein Erfolgsgefühl durch die eigene Produktivität. Dieses Gefühl steigert sich zu einem intensiven Glücksgefühl, in dem man alles andere vergisst und innerlich gedanken- und sprachlos wird. Man geht so sehr in der Tätigkeit auf, dass man dabei das Zeitgefühl verliert.

Um ein derartiges Niveau des Könnens erreichen zu können, braucht es natürlich auch bei Begabten intensives Lernen und eben die Gabe, bei der Tätigkeit den Flowzustand zu erreichen. Ein Trick von Begabten ist: Sie haben Spass dabei, weil ihre Tätigkeit mit dem Flowzustand verbunden ist. Auch durch fortgesetztes Prügeln und das Aufsetzen von Nürnberger Trichtern wird ein gequältes Kind nicht zum genialen Pianisten. Entscheidend ist, dass man Spass bei der Tätigkeit hat. Diese Erkenntnis ist nicht ganz neu. Aber: Der Flow hilft nicht nur bei der Ausübung der gelernten Tätigkeit, sie hilft auch beim Erlernen derselben. Das hat zu der Frage geführt, wie man bei weniger talentierten Menschen den Flowzustand aktivieren kann – als Methoden zur kognitiven Leistungssteigerung. Wer möchte nicht schneller lernen und zügig Leistungen erreichen, wie seine großen Vorbilder? Was unterscheidet Menschen mit ›Normalverstand‹ von den 'Genies'?

5.0.3 Der Bewusstseinsstrom im präfrontalen Cortex

Im Vorderlapen des Großhirns, dem präfrontalen Cortex, findet das statt, was Menschen als ›bewusstes Denken‹ bezeichen. Dieses ›Denken‹ bezeichnen wir nur deshalb als ›bewusst‹, weil wir es willkürlich kontrollieren. Wenn eine Person mittels Sprache zu sich selbst sagt: ›Ich habe einen Kopf, zwei Arme und zwei Beine‹ – ist sie sich dann dieser Körperteile mehr bewusst, als wenn sie sich das nicht sagt? Verbessert es ihr Körpergefühl? Und wie ist es, wenn sie sich sagt: ›Ich habe zwei Köpfe, vier Arme und drei Beine?‹ Ist sie sich dann ihrer nicht vorhandenen Zusatzköpfe, –arme und –beine 'bewusst'?

Mit ›Bewusstsein‹ oder ›Bewusstheit‹ hat das Selbstgespräch im Vorderhirn nichts zu tun. Es wäre etwas präziser, es als ›willkürliches Denken‹ zu bezeichnen, doch es handelt sich bei solchen Tätigkeiten nicht um echte Kognition (= Denken) auch wenn sie im Gehirn stattfinden. Das tiefe Denken des Gehirns ist von willentlichen Anstrengungen im präfrontalen Cortex unabhängig, kann durch willentliche Anstrengungen aber in gewisser Weise beeinflusst werden.

Die Reichweite dieses ›bewussten‹ willkürlichen ›Denkens‹ variiert. Sie reicht von bewusstem, genussvollen Kontrollieren und Betrachten dieser mentalen Vorgänge bis zum völligen Kontrollverlust – zu einem wahnhaften Denkzwang, aus dem man sich nicht ›herausdenken‹ kann, weil ja das ›Denken‹ zum Problem geworden ist. Es hängt von der Bewertung ab. Halte ich das Kopfkino für ›Denken‹ kann ich damit weniger entspannt umgehen, als wenn ich weiß, dass es nur meine Phantasie ist, mit der ich mich aus Langeweile beschäftige.

Ich kann willkürlich in meinem Gehirn anfangen zu singen »Hey Pipi Langstrumpf, tralali, tralala, trala-hoppsasa« oder ich kann es sein lassen. Es handelt sich zwar um Vorgänge, die in meinem Gehirn stattfinden, das hat aber mit echter Kognition rein gar nichts zu tun.

Susan Blackmore hat das Konzept des Bewusstseinstroms in verschiedenen Untersuchungen in Frage gestellt. "Wenn ich sage, dass Bewusstsein eine Illusion ist, dann meine ich nicht, dass Bewusstsein nicht existiert. Ich meine, Bewusstsein ist nicht das, was es zu sein scheint. Wenn es ein kontinuierlicher Strom von reichen und detaillierten Eindrücken ist, die eine denkende Person eine nach der anderen erlebt, dann ist das die Illusion. [2]

Derartiges Kopfkino ist bestenfalls Selbstbeschäftigung aus Langeweile, Entertainment zum Zeitvertreib oder eben erlernte Bewusstseinsmanipulation, die aber nicht im Sinne der Person sein kann, die damit manipuliert wird. Ich erfinde in meinem Kopf eine Geschichte und ich erlebe sie in meiner Vorstellung, so als würde ich einen Roman lesen – nur mit dem Unterschied, dass ich den Roman selbst schreibe. Sind meine Einfälle ansprechend, kann ich sie aufschreiben und mache vielleicht als Autorin Karriere. Für mich selbst dürfte es meinen Romanen etwas an Spannung fehlen, weil ich schon weiß, was als nächstes kommt. Ich lese lieber die Romane von anderen, höre Hörspiele, gehe in Kino, wenn ich Entertainment brauche.

Ich kann mir auch vorstellen auf einer kleinen Vulkaninsel Fahrrad zu fahren, die von einem Dschungel überwuchert ist, in dem dreiköpfige Affen leben. Haben Sie sie gesehen? Ich habe eine Fiktion versprachlicht und sie ist in Ihrem Kopf zum Leben erweckt worden. Ich persönlich kann es gar nicht kontrollieren, ob versprachlichte Informationen in mir abgebildet werden. Es geschieht einfach, wenn ich anderen zuhöre. Wenn Sie mir von zweischwänzigen Katzen erzählen würden, würde ich sie ganz unwillkürlich in meinem Kopf sehen. Über diese Art sprachlichen Suggestionen haben wir keine Kontrolle – sofern wir zuhören. Ich kann in mir singen, oder nicht. Aber erzählen Sie mir bitte nicht, sie könnten durch solch eine Tätigkeit ihre ›Gedanken‹ kontrollieren. Die tatsächliche Tätigkeit des Gehirns ist wie eine große Wolke, aus der ge-

---

[2] Susan Blackmore challenged the concept of stream of consciousness in several papers. "When I say that consciousness is an illusion I do not mean that consciousness does not exist. I mean that consciousness is not what it appears to be. If it seems to be a continuous stream of rich and detailed experiences, happening one after the other to a conscious person, this is the illusion".http://en.wikipedia.org/wiki/Stream_of_consciousness_%28psychology%29

legentlich Worte regnen, die Erkenntnisse versprachlichen. Sprache und Denken sind zwei unterschiedliche Funktionen des Gehirns. Das Eine hat mit dem Anderen nicht unmittelbar zu tun. Sprache kommuniziert Informationen. Denken verarbeitet Informationen. Nicht umgekehrt.

Die Tatsache, dass man im Kopf redet, bedeutet nicht, dass man denkt - sondern bloß, dass man redet. Die Gehirnfunktion ›Sprache‹ bedeutet, dass wir Informationen versprachlichen können – oder umgekehrt, dass versprachliche Informationen in unserem Gehirn zur Verarbeitung abgebildet werden können. Wenn wir diesen Prozess kurzschliessen, in dem wir uns selbst mit sprachlichen Inhalten füttern, betreten wir eine seltsame sprachliche Rekursivschleife.

5.0.4 Neuro-Enhancements

Es liegt in der Logik von Militärs, sich immer mindestens einen Vorteil gegenüber dem Feind verschaffen zu wollen. Im zweiten Weltkrieg setzten beide Kriegsparteien unter anderem Amphetamine ein um ihre Soldaten und Piloten zu dopen. Manche brutalen Gewaltexzesse der Wehrmacht lassen sich zumindest teilweise auf den Einsatz von Methamphetamin (›Pervitin‹) zurückführen – Methamphetamin hemmt den Schlaf, es macht selbstbewusst, rücksichtslos und furchtlos. Es wäre naiv, anzunehmen, dass Forschungen in dieser Richtung heute nicht mehr angestrengt werden. Neben der Entwicklung von Science-Fiction-Gerätschaften wie z.B. Exoskeletten forschen Wissenschaftler im Auftrag des Militärs auch an kognitiven Verbesserungen. Und natürlich geschieht das nicht nur im Bereich des Militärs.

An einem solchen Experiment hat die britische Journalistin Sally Adee bei den Recherchen für einen Artikel über Flow teilgenommen. Sie beschreibt den Selbstversuch wie eine Offenbarung.[3] In einem For-

---

[3] Ihr erster Artikel zum Thema erschien in ›New Scientist‹, dann folgte ein weiterer bei ›The Week‹ und schliesslich auf der Webseite ›Last Word on Nothing‹. Wegen Urheberrechtsfragen habe ich den Text hier nur in Auszügen wiedergegeben und auf die beiden Fotos verzichtet, die Sally Adee mit je einer Elektrode am Kopf und am Oberarm zeigen. Auf einem weiteren Foto sieht man sie mit den Elektroden

schungslabor durfte sie einen Selbstversuch mit einer Technologie ausprobieren, die sich euphemistisch ›Transkranielle Gleichstromstimulation‹ (TDCS) nennt. Durch einen kleinen Gleichstrom von 0,5 bis 2 Milliampere lässt sich der innere Dialog im Vorderlappen des Großhirns, dem präfrontalen Cortex, ausschalten. Nach meiner Einschätzung handelt es sich nicht um eine ›Stimulation‹ sondern um eine partielle Lähmung. Diese erfüllt aber den Zweck, die sprachliche Selbstbeschäftigung des sogenannten ›Geistes‹ auszuschalten:

> Die Sache, die die Erde unter meinen Füßen zum Absacken brachte, war, dass zum ersten Mal in meinem Leben endlich einmal alles in meinem Kopf die Schnauze hielt, als die netten Neurowissenschaftler mir die Elektroden aufsetzten. ... Ich fühlte mich klar im Kopf und wie ich selbst, nur schärfer. Ruhiger. Ohne Angst und ohne Zweifel. Von da an verbrachte ich die Zeit damit auf ein Problem zu warten, um es lösen. ... Da war plötzlich diese unglaubliche Stille in meinem Kopf. Befreit von dem Minenfeld der Selbstzweifel, welche die Grundstruktur meiner Persönlichkeit darstellen, war ich eine höllisch gute Schützin. Und ich kann Ihnen nicht sagen, wie atemberaubend es war, plötzlich zu verstehen, welchen Ballast diese innere Kakophonie für meine Fähigkeit, das Leben und die grundlegenden

---

am Körper und einem Sturmgewehr in der Hand auf etwas zielen. Es lohnt sich, den ganzen Artikel online zu lesen. Hier die Textauszüge im Original: When the nice neuroscientists put the electrodes on me, the thing that made the earth drop out from under my feet was that for the first time in my life, everything in my head finally shut the fuck up. I felt clear-headed and like myself, just sharper. Calmer. Without fear and without doubt. From there on, I just spent the time waiting for a problem to appear so that I could solve it. There was suddenly this incredible silence in my head. Relieved of the minefield of self-doubt that constitutes my basic personality, I was a hell of a shot. And I can't tell you how stunning it was to suddenly understand just how much of a drag that inner cacophony is on my ability to navigate life and basic tasks.

In yoga, they tell you that you need to "learn to get out of your own way." Part of getting out of your own way is making those voices go away, exhuming the person you really are under all the geologic layers of narrative and crosstalk that are constantly chattering in your brain. I think eventually these voices just become background noise. We stop hearing them consciously, but believe me, we listen to them just the same.

Me without self-doubt was a revelation. There was suddenly this incredible silence in my head.

http://www.lastwordonnothing.com/2012/02/09/better-living-through-electrochemist

Aufgaben zu meistern, darstellt.

Beim Yoga sagen sie, dass es nötig ist »zu lernen, sich selbst aus dem Weg zu gehen.« Ein Teil des sich-aus-dem-eigenen-Weg-gehens ist es, diese Stimmen loszuwerden, um die Person auszugraben, die wir wirklich sind unter all den geologischen Schichten der Erzählungen und dem ständigen Geplapper in unserem Gehirn. Ich denke, irgendwann werden diese Stimmen zu Hintergrundgeräuschen. Wir hören auf, sie bewusst wahrzunehmen, aber glauben Sie mir, wir hören ihnen trotzdem genau zu.

Mich ohne Selbstzweifel zu erleben, war eine Offenbarung. Da war plötzlich diese unglaubliche Stille in meinem Kopf.

Sally Adee hat unter dem Einfluss von TDCS an einer computergenerierten Gefechtssimulation teilgenommen. Der Versuch wurde zwei Mal durchgeführt, einmal mit und einmal ohne eingeschalteten Strom. Ihre Kill-Rate stieg mit eingeschaltetem Strom um den Faktor 2,3. Die Wissenschaftler teilten ihr mit, dass das typisch sei. In ihrem Erfahrungsbericht wiederholt sich der Satz ›Da war plötzlich diese unglaubliche Stille in meinem Kopf‹. Die Wissenschaftler sind offensichtlich in der Lage, auf Knopfdruck eine globale Aphasie des willkürlichen sprachlichen Denkens herbeizuführen. Sally Adee beschreibt den Wunsch, die Erfahrung mit der inneren Stille sofort wiederholen zu wollen und wünscht sich immer so eine ›Denkkappe‹ zu tragen. Sie bezeichnet die Erfahrung als die beste Droge, die sie je ausprobiert hat. Ausserdem fragt sie sich, in was für eine Gesellschaft derartige kognitive Verbesserungen führen und was geschieht, wenn nur wohlhabende Menschen in einer Gesellschaft zu ihnen Zugang haben.

Ich möchte niemandem empfehlen, sich eine Elektrode an den Kopf zu kleben. Es handelt sich vermutlich bei den Effekten von TDCS um eine Lähmungserscheinung im präfrontalen Cortex und niemand weiß bislang, welche Langzeitfolgen dabei eintreten würden. Derartige Versuche sind deshalb auf einige Minuten zeitlich begrenzt. Der einmalige Versuch hat Frau Adee offensichtlich nicht geschadet, sondern sie auch nach dem Versuch zum tiefen Denken angeregt, wie man an ihren Artikeln sieht. Bravo!

Die britische Journalistin erwähnt auch, dass nach den Aussagen der Wissenschaftler bei wiederholter Anwendung die Stille im Kopf länger anhält. Das wäre ein hervorragender Lerneffekt. Ihre drei Artikel zum Thema sind im höchsten Maße faszinierend. Vielleicht wäre TDCS eine – im Gegensatz zu den bizarren Elektroschocks die man in dem Film »Einer flog über das Kuckucksnest« sieht, und die leider heute noch angewendet werden – vergleichsweise harmlose Behandlungsmethode für psychotische Störungen. Es ist leicht und billig einen kleinen Konstantstrom durch eine Elektronik herzustellen und je eine Elektrode am Kopf und am Oberarm zu platzieren, wenn man die richtigen Punkte kennt. Es wäre kein Aufwand im Vergleich zur Herstellung eines Fernsehers... Nach Sally Adees Artikel begannen Bastler sofort, den Versuch in Eigenregie mit selbst gebasteltem Equipment bei sich selbst durchzuführen. Zu Risiken und Nebenwirkungen - na, Sie wissen schon...

Eigentlich wären diese Elektroden ja ganz praktisch. Die Problematik, diesen Bewusstseinszustand mit Worten zu vermitteln, liegt darin, dass die Zuhörer gewohnt sind, sich alles in den Sprache verarbeitenden Regionen des Gehirns vorzustellen. Wie es ist, innerlich gedanken- und sprachlos zu sein, kann man sich dagegen nicht gedanklich vorstellen, da das ja ein Widerspruch in sich ist. Der einzige Weg, innere Stille wirklich zu erfassen, ist sie zu erleben. Innere Gedanken- und Sprachlosigkeit lässt sich durch die Beschäftigung mit innerer Sprache und Gedanken nicht erfassen. Es ist ein Dilemma, dass sich ohne Hilfsmittel nur schwer auflösen lässt...

Es handelt sich bei den inneren Monologen oder Dialogen des willkürlichen ›Denkens‹ überwiegend um Autosuggestionen, die sich als Kognitionsleistungen tarnen. Bis zum Ende des Mittelalters glaubten die meisten Menschen, die Sonne würde sich um die Erde drehen, weil es von ihrem Standpunkt so aussah. Bis heute glauben die meisten Menschen immer noch, dass man sich selbst nach Informationen fragen kann – von ihrem Standpunkt sieht es so aus, weil sie sich selbst ständig Fragen stellen. Dabei sind die Kognitionswissenschaften in diesem

Punkt schon viel weiter.

Wer zu sich selbst redet, hört einer imaginären Persönlichkeit zu. Das Problem ist: Der von uns imaginierte Gegenüber ist niemals klüger als wir selbst. Das anzunehmen ist ungefähr so realistisch, als könnte ein Computer dadurch schneller werden, indem dieser in seinem langsamen Hauptprozessor eine Software ausführt, die einen viel leistungsfähigeren Hauptprozessor abbildet. Nach dem Motto: »Installieren Sie dieses Zusatzprogramm aus dem Internet, das den langsamen Prozessor Ihres Computers durch die Emulation eines schnelleren Prozessors schneller macht.« Eine schöne Sache: Statt einen schnelleren Hauptprozessor zu kaufen genügt ein Zusatzprogramm. Und es ist sogar kostenlos!

Wer so etwas glaubt, glaubt auch, dass Schlaftabletten gegen Müdigkeit helfen und Zitronenfalter Zitronen falten. Tatsächlich verbraucht jeder zusätzliche Prozess zusätzliche Ressourcen auf dem Hauptprozessor und verlangsamt ihn damit noch mehr. Und in Wirklichkeit ist der Computerbeschleuniger ›X-3000 Plus‹ ein Schadprogramm, das den Computer fernsteuert, heimlich Spam-E-Mails verschickt und die Passwörter der Computernutzer ausspioniert. Der vermeintliche Beschleuniger greift tief in das System ein und hebelt sämtliche Schutzmechanismen aus. Wer glaubt, dass ein Zusatzprogramm den Computer schneller macht, fällt auch auf jeden anderen betrügerischen Unfug rein. Der vermeintliche Prozessorbeschleuniger entpuppt sich als Schadsoftware – vorausgesetzt, dass man mißtrauisch geworden ist! Man muss schon ganz schön einfältig, dumm und leichtgläubig sein, um auf so einen albernen Trick wie den Gehirnbe... – pardon – Computerbeschleuniger hereinzufallen – oder?!

Nehmen wir einmal ganz hypothetisch an, dass die Selbstgespräche des menschlichen Kollektivs die Ursache für eine ernsthafte soziale und neurologische Störung wären, die negative Auswirkungen auf das Verhalten des Individuums und dessen Gesellschaft haben würden. Was wäre dann? Wäre es in diesem Fall nicht konsequent, wenn die verschwindend kleine Minderheit der ›Nicht-Denker‹ versuchen würde, der überwältigenden Mehrheit der ›Denker‹ ihre Selbstgespräche auszureden? Behielte die übergroße Mehrheit allein aufgrund ihrer großen Zahl Recht? Die Frage, ob die Erde sich um die Sonne dreht oder umgekehrt, wird nicht per Mehrheitsentscheid an der Wahlurne entschieden. Ebenso kann man eiserne Ketten ins Wasser lassen, um das Meer zu bändigen.

Imaginäre Freunde sind bei Kindern eine vorübergehende Phase. Bei Erwachsenen sind sie aber eine kommunikative und soziale Störung, das behaupten zumindest Sozialpsychologen und ich bin da mit ihnen ausnahmsweise ganz einer Meinung. Ich habe in der Vorrede erwähnt, dass die Menschheit seit Beginn der überlieferten Geschichte etwa 14.400 Kriege geführt hat, bei denen etwa 3,5 Milliarden Menschen getötet wurden. Ein Ende ist nicht in Sicht, und die Art der Kriegführung ist brutaler geworden. Waren bis zum Beginn des 20. Jahrhunderts die Opfer überwiegend Soldaten auf dem Schlachtfeld, ist der Krieg inzwischen in die Städte getragen worden und wütet unter der Zivilbevölkerung.

Muss man angesichts dieser dramatischen Fakten nicht vielleicht umgekehrt fragen: Sind all diese ›normalen‹ Menschen, deren Verhalten von inneren Stimmen gesteuert wird, eigentlich noch ganz dicht? Liegt es in der Natur des Menschen seine Artgenossen zu foltern, zu versklaven, zu unterdrücken, auszubeuten, zu vergewaltigen und in der letzten Konsequenz auch zu töten – oder liegt es vielmehr daran, dass Menschen, die solche Dinge tun, sowohl als Einzelne als auch als Kollektiv an einer Störung des Verhaltens und der Gefühle erkrankt sind?

Was, wenn man die Sache umdrehen würde und das diskursive, dialogische Denken mit den inneren Stimmen gar nicht als Denken betrachten würde, sondern als einen bedauerlichen Irrtum in der menschlichen Geistesgeschichte? Was, wenn man all jene für verrückt erklärte, die mit sich selbst reden und auch auf Stimmen wie die Gottes- und Gewissensstimme hören? Es würde nichts ändern, solange man die Mehrheit derer, die dem bedauerlichen Irrtum aufgesessen sind, nicht von ihrem Tun abbringen könnte. Eine Minderheit, die das versuchen würde, gälte mit Sicherheit in den Augen der Mehrheit als ›verrückt‹.

5.0.5 Die Stimmen der Götter als imaginäre Freunde

Der US-amerikanische Psychologe Julian Jaynes hat in seinem 1976 veröffentlichten Buch »Der Ursprung des Bewußtseins durch den Zusammenbruch der bikameralen Psyche« eine These vertreten, die sowohl als absurd als auch als faszinierend angesehen wird.[4] Laut Jaynes hatten die Menschen vor 3000 Jahren kein Selbstbewusstsein, stattdessen vernahmen sie in ihren Köpfen die Stimmen von ›akustischen Halluzinationen‹, die sie für die Stimmen von Göttern hielten. Sie gehorchten automatenhaft den halluzinierten Stimmen der Götter. Laut Jaynes kommunizierte das Sprachzentrum in der einen Hemisphäre des in zwei Kammern geteilten Gehirns mit dem Hörzentrum in der anderen Hemisphäre. Daher der Name seiner Theorie vom ›bikameralen Bewusstsein‹:

»Handlungen werden nicht von bewussten Planungen, Überlegungen oder Motiven in Gang gebracht, sondern durch das Reden der Götter initiiert.«

Um das Jahr 1000 v.Chr. sei die ›bikamerale Organisation des menschlichen Denkapparats‹ zusammengebrochen. Die Stimmen der Götter seien verstummt. Dies erlaubte der Menschheit wichtige zivilisatorische Fortschritte, da sie durch den Zusammenbruch der bikameralen Psyche erstmals in die Lage versetzt wurden, selbständig zu denken.

Im Klappentext der mir vorliegenden deutschen Übersetzung steht folgender denkenswerter Satz:

»Waren denn etwa alle Menschen vor 3000 Jahren, weil sie Stimmen hörten, schizophren?«

Vergleichen wir die These von Julian Jaynes mit der heutigen Auffassung von ›Denken‹, dass es ein monologisches oder dialogisches Ge-

---

[4]Julian Jaynes http://de.wikipedia.org/wiki/Julian_Jaynes

spräch des ›Intellekts‹ mit inneren Stimmen ist. Dies ist die ›Philosophie des Geistes‹ in der Neuzeit. Dazu schreibt die Wikipedia:

> Der Kern der Philosophie des Geistes ist das Leib-Seele-Problem, das manchmal auch „Körper-Geist-Problem" genannt wird. Es besteht in der Frage, wie sich die mentalen Zustände (oder der Geist, das Bewusstsein, das Psychische, die Seele) zu den physischen Zuständen (oder dem Körper, dem Gehirn, dem Materiellen, dem Leib) verhalten. Handelt es sich hier um zwei verschiedene Substanzen? Oder sind das Mentale und das Physische letztlich eins? Dies sind die zentralen Fragen der Philosophie des Geistes. Jede Antwort wirft jedoch zahlreiche neue Fragen auf. Etwa: Sind wir in unserem Denken und Wollen frei? Könnten Computer auch einen Geist haben? Kann der Geist auch ohne den Körper existieren? [5]

Halten wir fest: Wer in seinem Sprachzentrum dialogische oder monologische Selbstgespräche führt, hört Stimmen. Sind diese keine ›akustischen Halluzinationen‹ wie die Stimmen der Götter früher, sondern heute ein Beweis unserer hohen Intelligenz? Ist die mentale Sprache, mit der Menschen innerlich zu sich selbst sprechen, eine intelligente, metaphysische Substanz? Ähh, nein. Wohl kaum. Ausser für die natürlich, die zu lange mit sich selbst geredet und ihrer eigenen Stimme, pardon: Substanz gelauscht haben.

Glaubt man Julian Jaynes, so hat in der Geistesgeschichte in vorhomerischer Zeit der Wechsel von einer allgemeinen Schizophrenie zu der noch heute aktuellen ›Philosophie des Geistes‹ stattgefunden. Dann wurde der Dualismus ›Die Stimmen der Götter reden im Gehirn zu den Menschen‹ durch den Dualismus ›Die Stimme des menschlichen Geistes redet im Gehirn zu den Menschen‹ abgelöst. Aber wie hat die ›Heilung‹ von dieser vorhomerischen Schizophrenie stattgefunden? Durch den Wechsel der Urheberschaft der ›Stimmhalluzinationen‹ von den Göttern zu den ›Stimmhalluzinationen‹ der verschiedenen Charaktere des 'Selbst'?!

Sowohl der Glaube an die Weissagungen der Stimmen der Götter, der laut Jaynes vorgeherrscht hat, als auch der Glaube an die Weissagungen

---

[5]http://de.wikipedia.org/wiki/Philosophie_des_Geistes

der Stimme des ›Geistes‹ heute, erscheint mir so recht bizarr zu sein. Wie wir eingangs gesehen haben, ist das Alltagsdenken der Menschen heute davon geprägt, dass uns der ›Geist‹ unserer inneren Stimme sagt, wer wir sind, was wir denken und was wir zu tun haben. In Anlehnung an Jaynes können wir sagen: Handlungen werden nun heute durch die Reden der Stimme des menschlichen ›Geistes‹ initiiert.

Wenn Julian Jaynes den Zusammenbruch der ›bikameralen Psyche‹ als ursächlich für zivilisatorische Fortschritte sieht, was wird dann der Zusammenbruch des Leib/Seele Dualismus zur Folge haben? Ich kann es kaum erwarten die sich daraus ergebenden zivilisatorischen Fortschritte zu betrachten – darum schreibe ich dieses Buch!

Sind denn etwa alle Menschen heute, weil sie in ihren Gehirnen den Stimmen ihres ›Geistes‹ lauschen, schizophren?

5.0.6 Der Mensch redet mit sich selbst allein

Natürlich findet man in der Wikipedia auch einen Beitrag über Selbstgespräche – man wird zum Artikel ›Autokommunikation‹ weitergeleitet.[6] Der englische Artikel über Autokommunikation ist ziemlich kurz und unterscheidet sich inhaltlich überraschend deutlich von der deutschen Version. Das könnte daran liegen, dass Autokommuniation kein beliebtes Thema ist. Der Inhalt eines selten aufgerufenen Artikels kann die Meinung einer tendenziell kleinen Gruppe wiederspiegeln, und ist deshalb nicht notwendigerweise ›Common Sense‹. Auch sind Artikel, zumal in einem Wiki, veränderlich. Genießen wir also die Albernheiten in der Wikipedia mit Vorsicht. Ich beziehe mich hier auf den Stand vom Februar 2013.

Der Tenor des englischen Artikels über Autokommunikation ist: Im Gegensatz zur Heterokommunikation (der Kommunikation mit anderen) werden durch Autokommunikation keine Informationen übertragen, da

---

[6]Autokommunikation `http://de.wikipedia.org/wiki/Autokommunikation`

80 KAPITEL 5. SIND SELBSTGESPRÄCHE LAUTES DENKEN?

Sender und Empfänger identisch sind. Das Wiederholen von Botschaften vor sich selbst dient Individuen, Gruppen oder Firmen lediglich als Mantras (Gebet), und damit der Strukturierung und Verstärkung eines Egos oder Corporate Identity. Fertig! Ende der Übertragung.

Außerdem, müsste man hinzufügen, ist die Länge der Übertragungsstrecke bei einem Autokommunikationsprozess gleich Null. Kommunikation heisst Austausch – und zwischen wem sollte der bei einem Selbstgespräch stattfinden?! Zwischen Ich und Mir? An Ort und Stelle?

Ich würde sagen, dass Autokommunikation ursächlich für die Entstehung eines Egos ist: Ohne autosuggestive Selbstgespräche gibt es kein Ego, Ich oder Selbst, kein sprachliches Meta-Ich. Die Sprache, mit der die Betroffenen Selbstgespräche führen, ist ihr ›Ego‹.

In der deutschen Wikipedia wird Autokommunikation für eine sinnvolle Art von ›Kommunikation‹ gehalten, bei dem ein Mensch nützliche Botschaften an sich selbst sendet, und das wird todernst als positiv gesehen:

> Mit Autokommunikation werden Kommunikationsprozesse bezeichnet, in denen eine Person sich selbst anspricht. Dieselbe Person fungiert als Sender und als Empfänger einer Mitteilung.

Nun wissen wir Bescheid.

Ich habe mir schon alles gesagt, aber ich habe mir nicht zugehört!

Es findet sich in der deutschen Wikipedia kein Anflug von Selbstironie. Selbstgespräche sollte man nie ohne eine doppelte Portion Selbstironie führen. Dafür wäre es beim Bearbeiten dieses Wikipedia-Artikels jetzt aber höchste Zeit gewesen: Bei einem Selbstgespräch (Autokommunikation) ist der Sprecher (Sender) ein improvisierter Gesprächspartner, der durch eine Kognitionsleistung im Gehirn des Zuhörers (Empfänger) virtualisiert wird – denn an wen sollten sich die Worte des virtualisierten

Senders sonst richten?! Diese Kognitionsleistung – gleichzeitig improvisierten Sender virtualisieren und Zuhörer sein – zu erbringen ist sinnlos für das gastgebende Nervensystem und verschwendet Ressourcen (siehe: Nervenzusammenbruch). Das virtualisierte Gegenüber kann nicht kognitiv leistungsfähiger sein als das reale, physische Nervensystem, das die Kognitionsleistung zur Virtualisierung des virtualisierten Systems erbringt, und sich gleichzeitig (!) in der Rolle des Zuhörers (Empfänger) befindet. Dass der Empfänger aus seinen eigenen Sendungen über den Umweg des eingebildeten Avatars etwas lernt, ist ein interessanter Spagat und ein veritables Beispiel für eine zirkuläre Scheinlogik. Sie hätte blendend in Joseph Hellers satirisches Buch ›Catch-22‹ gepasst. Habemus Dachschaden. Ein Mensch mit einem improvisierten imaginären Freund ist zweifelsohne dümmer und einsamer, als ein Mensch ohne.

Die deutschen Wikipedianer bleiben trotzdem ganz ernst bei der Sache. Eine glänzende Steilvorlage für den Vorwurf, dass die Deutschen zuviel (auf Deutsch natürlich) zu sich selbst reden. Wenn das die Engländer wüssten! Es werden in dem deutschen Artikel dann gleich drei(!) verschiedenen Arten von Selbstgesprächen unterschieden:

1. Gedächtnisstützende Autokommunikation

    Der deutsche Artikel erwähnt Tagebücher und eine Einkaufsliste als Beispiel für ›gedächtnisstützende Autokommunikation‹. Warum derlei Gedächtnisstützen Selbstgespräche sein sollen, ist rätselhaft.

2. Künstlerische Autokommunikation

    Wenn ein Künstler ein Stück schreibt, in dem Personen Monologe oder Dialoge führen, kann der Künstler die Situation des Stücks in der Phantasie durchspielen, um zu prüfen, ob der sprachliche Ausdruck gefällig und die Interaktion der Figuren stimmig ist.

    Der Sinn ist aber nicht, dass ein Künstler Botschaften durch erdachte Theaterfiguren an sich selbst verfasst. Der Künstler kommuniziert mit der Gesellschaft, nicht mit sich selbst – und das ist doch wohl mit ›Autokommunikation‹ gemeint.

3. Selbststeuernde Autokommunikation

Hier handelt es sich um das eigentliche, echte Phänomen der Selbstgespräche.

Zitat Wikipedia:

> Ein Kommunikationspartner wird lediglich vorgestellt: Eine Person kommuniziert mit imaginierten (ihr bekannten oder fiktiven) Personen, mit verinnerlichten Autoritätspersonen (Roletaking); sie hört die "Stimme des Gewissens"; sie berät sich mit sich selbst bei konflikthaften Entscheidungen; sie hat "zwei Seelen in der Brust" (Schulz von Thun 1998). Selbstkommunikation, Selbstbewertung (Tönnies 1994); Selbstbelohnung, Selbstbestrafung. Selbstinstruktion"

Wenn Menschen Worte formulieren um Botschaften an sich selbst zu richten, mit der Absicht sich selbst zu steuern und zu instruieren, dann liegt tatsächlich eine Autokommunikation, ein Selbstgespräch vor. Die Frage ist nur, was das bewirken soll. Wem nützt es, wem schadet es?

Zitat Wikipedia:

> "Nach Meichenbaum (2003) sagen Menschen sich selbst, "was wir zu denken, zu glauben und wie wir uns zu verhalten haben." "

Das heißt, nach Meichenbaum wird das Verhalten von Menschen nicht durch ihre intuitive Gehirnfunktion gesteuert - sondern durch innere Stimmen. Das kann aber – im Gegensatz zur selbständigen Tätigkeit des Gehirns – erlernt und dressiert werden, denn Selbstgespräche sind eine willkürliche Sache, die sich manipulien lässt. Meichenbaum und andere versuchen sich hier als Programmierer des menschlichen Unverstandes. Erlerntes Realitätskonstrukt, hier kommen wir...

Wer glaubt, dass Denken zu sich selbst reden heißt, kann seine

Denkprozesse steuern – wie eine Motte, die Nachts um eine Kerze kreist.

Ein zynischer Spötter sieht die Gesellschaft, wie sie ist, und nicht wie sie sein sollte!

Kapitel 6

Serenität

Die deutsche Sprache verfügt bislang über keinen besseren Ausdruck, um das Gefühl einer tiefen inneren Ruhe und Klarheit zu benennen, als den Begriff der ›Gelassenheit‹, sofern man nicht auf Begriffe aus der fernöstlichen Philosophie wie z.B. ›Bodi‹ oder von Mystikern zurückgreifen will. ›Gelassenheit‹ ist jedoch nicht wirklich zutreffend, denn die Bedeutung liegt zwischen innerer Gemütsruhe und gedanklicher Gleichgültigkeit. Wobei innere Gemütsruhe durchaus zutreffend wäre, aber gedankliche Gleichgültigkeit oder Abgeklärtheit passt überhaupt nicht ins Bild. Innere Gemütsruhe ist nicht zu verwechseln mit dem Zustand der ›Gedankenlosigkeit‹ oder ›gedanklicher Gleichgültigkeit‹. Der ›gedankenlose‹ Mensch ist nicht ohne Selbstgespräche, vielmehr kreisen seine Selbstgespräche um etwas, das eigentlich unwichtig ist. Was wirklich wichtig wäre, ist dem ›Gedankenlosen‹ dagegen gleichgültig, weil er in seinem ›Intellekt‹ damit beschäftigt ist über andere Themen zu reden. Von ihm wird nur das als bewusst wahrgenommen und als wichtig erachtet, womit er sich in seinen Selbstgesprächen beschäftigt. Der ›Gedankenlose‹ würde sich und seiner Umwelt tatsächlich viel bewusster und gerechter werden, wenn er wirklich ›gedankenlos‹ im Sinne einer inneren Ruhe wäre und damit seine Perspektive erweitern würde.

Auf der Suche nach einem Begriff für diesen besonderen Bewusstseinszustand bin ich auf ›Serenität‹ gestossen – ein altes deutsches Wort, das heute fast vergessen ist. Im Französischen ist der Begriff ›Sérénité‹ bis heute gebräuchlich. Das französische Wort ›Sérénité‹, beziehungsweise das englische Wort ›Serenity‹ bedeuten »Gelassenheit, innere Ruhe, Heiterkeit, Friede, Erhabenheit, Klarheit, Ungetrübtheit, stille Glückseligkeit«. Dem Wörterbuch der deutschen Sprache von den Gebrüdern Grimm kann man entnehmen, dass ›Serenität‹ im achtzehnten Jahrhundert als ehrerbietende Anrede für Respektspersonen verwendet wurde, im Sinne von ›Ihre Erhabenheit‹. Der Begriff war bereits dabei, aus der deutschen Sprache zu verschwinden, als mit der Arbeit zur Erstellung des Grimmschen Wörterbuchs im Jahr 1838 begonnen wurde.

Die Online-Ausgabe des modernen Duden-Fremdwörterlexikons hat zwar einen Eintrag für das Wort Serenität, seine Bedeutung wird aber hier nur ungenau mit einem einzigen Wort übersetzt: Gelassenheit. Ein bekanntes englisches Zitat, das den Begriff Serenity verwendet, ist das ›Gelassenheitsgebet‹, das dem US-amerikanischen Theologen Reinhold Niebuhr zugeschrieben wird:

> Gott gebe mir die Gelassenheit, Dinge hinzunehmen, die ich nicht ändern kann, den Mut, Dinge zu ändern, die ich ändern kann, und die Weisheit, das eine vom anderen zu unterscheiden.

Im Original:

> God, grant me the serenity to accept the things I cannot change, courage to change the things I can, and wisdom to know the difference.

Theodor Wilhelm, der mit seiner Frau das ›Gelassenheitsgebet‹ übersetzt hat, schrieb dazu:

> Wir gaben uns viel Mühe mit der Übersetzung [...] Wir stritten uns über »serenity«, und weil meine Frau »Heiterkeit« verwarf und auf »Gelassenheit« bestand, lautete die Übersetzung: Gott gebe mir die Gelassenheit [...] [1]

Es existiert meiner Meinung nach in der deutschen Sprache kein geeigneteres Wort um »Serenity« beziehungsweise »Sérénité« zu übersetzen, als eben ›Serenität‹, auch wenn das Wort heute fast vergessen

---

[1] Pädagogik in Selbstdarstellungen. Bd. 2. Hamburg 1976, S. 329-33

ist. Alternativ könnte man Begriffe wie ›Zen‹, 'Dao, ›Bodhi‹, ›Ego-Death‹ (so nannten es die amerikanischen Beatniks, die mit Halluzinogenen experimentierten und sich als ›Psychonauten‹ bezeichneten), ›Unio mystica‹ (das lateinische Wort für ›Erleuchtung‹ aus dem religiös-spirituellen Kontext des Christentums) verwenden. ›Ego-Death‹ erscheint mir zu dramatisch, ›Erleuchtung‹ zu religiös und auf Begriffe aus fernöstlichen Philosophien möchte ich nicht zurückgreifen, um nicht einen Rattenschwanz von falschen Vorstellungen zu erwecken, weil für mich diese Begriffe verbraucht sind. Nennen Sie es für sich, wie es ihnen beliebt. Es sind nur Worte. Ich nenne es Serenität, und Serenität ist eine zutiefst weltliche Erscheinung ohne Wunderdinge.

Es handelt sich um einen Zustand tiefer Kognition, weil der Plapperkasten im Vorderhirn vorstellungs- und sprachlos ist. ›Flow‹ ist das Gefühl, dass eine Tätigkeit fliesst – daher der Name. Serenität ist das Gefühl, dass das ganze Leben fliesst und dass über den endlosen Fluss unablässig quatschender, aber nichtssagender Gedanken im Vorderhirn eine Brücke führt. Alltäglich ist dieser Zustand nicht gerade, und ich vermute vielmehr, dass er aussergewöhnlich ist und nur wenige ihn bislang erlebt haben. Das sollte sich ändern. Bis zu meinem 19. Lebensjahr kannte ich nur das Alltagsdenken, da ich mich an die Zeit meiner Kindheit vor dem Beginn des Alltagsdenkens nicht mehr erinnern konnte. Ich lernte die Serenität durch ein zufälliges Ereignis kennen. Dazu braucht es häufig eines starken äusseren Anstoßes, dessen Macht uns für einen Moment aus dem Alltagsdenken herauskatapultiert. Es sind Momente, in denen uns durch einen äusseren Einfluss bewusst wird, wie bedeutungslos all das ist, worüber wir uns in unseren inneren Selbstgesprächen sorgen. Die wenigen Menschen, die ich persönlich kenne, die aus eigener Erfahrung diesen Bewusstseinszustand kennen, hatten es meist mit dem Tod zu tun. Angesichts des drohenden Endes der eigenen Existenz oder wenn ein geliebter Menschen für immer aus unserem Leben verschwindet, wird der Inhalt der sogenannten ›Gedanken‹ bedeutungslos. Es kann ein Ereignis des Glücks oder der Bestürzung sein, dass uns zum ersten Mal für einen Augenblick aus der Alltäglichkeit und dem Trott des Alltagsdenkens entführt. Zumindest ist es mir so ergangen. Ich hatte eine Epiphanie – eine Offenbarung. Keine religiöse, spirituelle oder metaphysische Offenbarung. Keine Engel haben zu mir gesprochen, kein Gott ist mir erschienen. Ich habe einfach nur zum ersten Mal erlebt, dass mein ewig grübelnder ›Verstand‹ in meinem Vorderhirn für einen kurzen Augenblick innerlich die Luft anhielt. Es war ein Erwachen, eine unvermittelt durch Intuition hervorbrechende Klarheit, erschütternd wie ein Erdbeben. Eine schlagartige, tiefe Erkenntnis. Die Antwort auf so viele Fragen: Die Erkenntnis, dass sie alle sinnlos waren.

Es gibt eine deutliche Überschneidung der Serenität mit dem psychologischen Zustand des ›Flow‹, der von dem Psychologen Mihaly Csikszentmihalyi erforscht wurde – allerdings ist der Flow-Zustand auf eine Tätigkeit gerichtet, beziehungsweise ergibt sich aus ihr.[2] Im Flow-Erleben geht man im Tun einer Sache in innerer Vorstellungslosigkeit und Sprachlosigkeit auf, wohingegen der Zustand der Serenität nicht an eine bestimmte Handlung gebunden ist. Csikszentmihalyi hat keine Einwände, wenn der Flow-Zustand in die Nähe von ›Erleuchtung‹ gestellt wird. Serenität geht jedoch über den sprach- und gedankenlosen Schaffensrausch hinaus.

Viele Leute, mit denen ich über den Bewusstseinszustand der Serenität gesprochen habe, bezeichnen ihn als ›meditativ‹ – doch das ist eigentlich ein Missverständnis. Meditation soll Wege beschreiben, die diesen Zustand erreichbar machen sollen. Als Meditation werden Achtsamkeits- oder Konzentrationsübungen bezeichnet, mit denen ›die Stimme des kleinen Mannes im Ohr‹ zur Ruhe kommen soll. Ich habe jedoch Zweifel an der Wirksamkeit der Praxis der Mediationen, von denen ich Kenntnis habe.

Um Mißverständnissen aus dem Weg zu gehen: Ich meditiere nicht und

---

[2]Flow (engl. "Fließen, Rinnen, Strömen") bezeichnet das Gefühl der völligen Vertiefung und des Aufgehens in einer Tätigkeit, auf Deutsch in etwa Schaffens- bzw. Tätigkeitsrausch oder Funktionslust. Mihaly Csikszentmihalyi hat die Flow-Theorie im Hinblick auf Risikosportarten entwickelt. Heute wird sie auch für rein geistige Aktivitäten in Anspruch genommen. Flow kann entstehen bei der Steuerung eines komplexen, schnell ablaufenden Geschehens, im Bereich zwischen Überforderung (Angst) und Unterforderung (Langeweile).

ich habe auch als Materialistin mit Esoterik und spirituellem Hokuspokus nichts am Hut. Ich glaube an ›Sofortige Serenität‹ – nachhaltige, erkenntnisbasierte Bewusstseinserweiterung durch mentale Anstrengungslosigkeit sofort...

Die meisten Leute haben kein Problem damit, sich und anderen einzugestehen, dass sie jeden Tag ihres Lebens in einen internen Dialog mit einer inneren Stimme vertieft sind, auf die sie genau hören – auch wenn ihnen fremde Personen, die auf offener Strasse laute Dialoge mit sich selbst führen, als zumindest wunderlich erscheinen. Serenität ist das Ende dieses inneren Dialogs, bei dem Reize im Vorderlappen des Großhirns entstehen, die eine Flut von Reaktionen im Kopf auslösen. Denken Sie daran, dass das Schlimmste, was Sie sich vorstellen können, wahr geworden ist, dann wissen Sie, was ich meine.

6.0.1 Gehirnwäsche

Häufig sind uns diese inneren Sprachprozesse überhaupt nicht bewußt, auch wenn wir sehr genau auf jedes einzelne Wort hören, das in den Sprache verarbeitenden Arealen unseres Gehirns gesprochen wird. Um sie los zu werden, müssen sie uns erst wieder zu Bewusstsein kommen. Auf ihre Selbstmitteilungen angesprochen, sagen viele, dass sie das nur in sehr seltenen Fällen tun. Allein, mir fehlt der Glaube, dass ihnen ihre inneren Selbstgespräche auch nur ansatzweise bewusst sind. Manche sind auch der Meinung, die Selbstgespräche gezielt zu ihrem Vorteil einsetzen zu können. Das ist erstens Selbstbetrug und zweitens ist auch ihnen gar nicht bewusst, wie viele Selbstgespräche sie jeden Tag führen.

Unter den Bezeichnungen ›Mentales Training‹, ›Mentaltraining‹, ›Neurolinguistische Programmierung‹ und ›Mentalcoaching‹ werden auf dem Psychomarkt Bücher, Filme, Kurse, Beratungen angeboten, die versprechen, den Kunden glücklicher und erfolgreicher zu machen. Das Angebot soll die soziale Kompetenz steigern, Intelligenz erweitern, kognitive Fähigkeiten verbessern, Belastbarkeit in Stresssituationen erhöhen, Selbstbewusstsein stärken und so weiter. Der Psychomarkt hat in Deutschland ein Umsatzvolumen zwischen 5 und 10 Milliarden Euro.

Viele Psychoangebote zielen direkt auf die ›Optimierung‹ oder neue Programmierung der Selbstgespräche, Stichwort ›Positives Denken‹.

Was unterscheidet das Angebot des Psychomarktes, die privaten Selbstgespräche oder das eigene Idol im Kopf zu ›optimieren‹ von purer Scharlatanerie, welche aus der Verwirrung von Individuen Profit zu schlagen versucht? Kommt es nicht viel eher darauf an, die Selbstgespräche nicht in ›positive‹ und ›negative‹ Selbstgespräche zu unterteilen, sondern sie stattdessen einfach zu beenden? Wie wäre es, anstatt sich immer wieder neu selbst zu programmieren oder von anderen programmieren zu lassen, wenn man das Programm beenden würde? Wer sich unter den Einfluss von fremden oder eigenen Suggestionen begibt, riskiert es, sich manipulieren zu lassen und ist offensichtlich bereit Realitätsverlust in Kauf zu nehmen. Macht uns die Vorstellung, stärker, klüger, besser zu sein, als wir es sind, stärker, klüger, besser? Ist der Größenwahn das Gegenmittel gegen den Minderwertigkeitskomplex?

Der kontrollierte, diskursive, dialogische Gebrauch des Verstandes ist für die Mitglieder der heutigen Gesellschaft selbstverständlich. Bewusst oder unbewusst haben viele Mitglieder der Gesellschaft den Wunsch zumindest zeitweise aus der Matrix der verinnerlichten Kontrolle durch die sozialen Normen auszubrechen und ›einfach mal abzuschalten‹ und zu entspannen. Nun ist es aber nicht so leicht, sich von den Hemmungen der innerlichen Selbstkontrolle einfach loszusagen. Deshalb greifen viele Menschen zu Hilfsmitteln wie z.B. Alkohol um ein Stück weit eine Regression zurück zu ihrer unzivilisierten menschlichen Natur herbeizuführen. Gäbe es diesen Ausgleich nicht, würden vielleicht noch mehr Menschen unter der Last ihres Alltags zusammenbrechen und dauerhaft krank werden.

Das Befolgen von Handlungsanweisungen, erteilt von vermeintlichen Autoritätspersonen, die durch ein inneres Tonbandgerät im Gehirn beständig wiederholt werden – ist das die Bedingung der Zivilisation und zugleich der Höhepunkt der Evolution der menschlichen Geistesgeschichte?

6.0.2 Break on through to the other side

Viele Mediationen zielen darauf ab, dass man mentale Anstrengungen unternimmt um einen Zustand mentaler Anstrengungslosigkeit zu erreichen. Das ist absurd – es wäre besser, zu mentaler Anstrengungslosigkeit zu kommen indem man mentale Anstrengung vermeidet. Der Weg zur Serenität liegt vielmehr in der Fähigkeit mentale Anstrengungen zu unterlassen, die darauf hinauslaufen, sich selbst aus welchem Grunde auch immer zu beobachten, zu überprüfen, zu überwachen und zu kontrollieren. Dazu braucht man Vertrauen – Vertrauen in sich selbst, in die eigene Existenz. Wenn Sie nach dem Studium dieses Buches etwas mehr Vertrauen in sich selbst wiederfinden, dann haben wir beide vieles gewonnen: Sie für sich selbst und ich durch die Tatsache, dass Sie mir auf diesem Planeten Gesellschaft leisten.

Das Paradox ist, dass Menschen nicht sich selbst vertrauen, sondern der mentalen Kontrolle über sie selbst, die ein Produkt ihrer Erziehung und ihres Wunsches nach Selbstvervollkommnung ist. Diese mentale Kontrolle spricht zu ihnen, indem sie zu sich selbst sprechen. Der Grund ist: Ihr Körper spricht nicht in ihrer Muttersprache zu ihnen und erklärt ihnen, was sie zu tun haben. Ihre verinnerlichte Fremdkontolle tut es, die sie ›Selbstkontrolle‹ nennen.

> »Die Stimme des Gewissens, die jedem seine besondere Pflicht auflegt, ist der Strahl, an welchem wir aus dem Unendlichen ausgehen, und als einzelne und besondere Wesen hingestellt werden; sie zieht die Grenzen unserer Persönlichkeit; sie also ist unserer wahrer Urbestandteil, der Grund und Stoff alles Lebens, welches wir leben. Die absolute Freiheit des Willens, die wir gleichfalls aus dem Unendlichen mit herab nehmen in die Welt der Zeit, ist als Prinzip dieses unseres Lebens.«
> – Johann Gottlieb Fichte »Die Bestimmung des Menschen«, Berlin 1800, S. 139f

›Besondere Pflicht‹, ›Strahl aus dem Unendlichen‹, ›absolute Freiheit des Willens‹, ›Grenzen unserer Persönlichkeit‹ – derlei verbal bedeutungsschwangeren Unsinn erzählt man Leichtgläubigen um sie durch Entfremdung zu mentalen Sklaven zu machen. Die Aufgabe der mentalen Kontrolle übernimmt die ›Stimme des Gewissens‹. Sie ist – von Gott! Wenn wir aber weder an Gott noch an Geister glauben, dann werden wir auch nicht mehr von den Geistern unserer inneren Stimmen kontrolliert. Für die Christen sind wir Menschen nur erbsündliche ›Leiber‹, welche sündige Lüste, Begierden, Triebe empfinden. Wir sind unserer Natur nach tierische Ungeheuer, die von einer Stimme in unseren Köpfen – der ›Seele‹ – kontrolliert und gebannt werden sollen. Die Gesetze und Regeln, die Matrix, nach der uns die Stimme des Gewissens beobachtet und kontrolliert wird von der Religion und ihren religiösen Vertretern vorgegeben, die behaupten, dass das Progamm, dem wir gehorchen sollen, von Gott stammt. Das ist das Gewissen. Unser Leben wird bestimmt von inneren Stimmen – wir werden von inneren Stimmen bestimmt. Selbstgespräche haben etwas mit Stimmen, aber nicht mit Selbstbestimmung zu tun. Es sei denn, mit der Bestimmung durch andere...

6.0.3 Willkommen in der Matrix – in meiner Matrix

Wenn Ihr Euch in Euren Gehirnen in Ansprachen an Euch selbst Dinge sagt, und wenn Ihr diese inneren Ansprachen an Euer Gehirn für den Prozess des Denkens (TM) haltet, stellt Ihr eine Schnittstelle bereit, mit der man Euch programmieren kann, wenn es mir gelingt Euch vorzugeben, was Ihr Euch sagt. Ich könnte Euch beispielsweise weis machen, dass meine Botschaften heilig sind, und von einer mächtigen und launischen Gottheit stammen, die Euch bis in Euer intimstes Tun verfolgt und eifersüchtig darüber wacht, dass Ihr Euch meine Botschaften auch wirklich sagt. Als Gegenleistung verspreche ich Euch das ewige Leben nach dem Tod und reiche Ernten, den Schutz vor Krankheit und so weiter. Meine Botschaften für Eure inneren Stimmen können Handlungsanweisungen sein. Mit diesen Handlungsanweisungen steuere und besteuere ich Eurer Verhalten. Willkommen in der Matrix - in meiner Matrix!

Die erste Botschaft ist, dass man an der eifersüchtigen und rachsüchtigen Gottheit nicht zweifeln darf, da ihre Worte ›heilig‹ sind. Ich trage Euch auf, dass Ihr Euch das immer wieder selbst vorsagt und dabei ein

Bild von mir küsst. Und das sieben Mal am Tag. Alle wahren Gläubigen stehen morgens beim ersten Hahnenschrei auf, richten Ihr Handtuch auf meinen Palast aus, küssen mein Bild und sagen sich: »Heilig bist Du, Elektra, denn Du hast uns die heiligen Worte der Wahrheit der erhabenen Göttin Sunkunika geschenkt.« Ich werde Euch Rituale vorgeben und Schulen einrichten, in denen das sklavische Vorsagen von meinen Handlungsanweisungen geübt wird. Ich schreibe Euch vor, wann Ihr aufzustehen und zu Bett zu gehen habt. Ihr werdet Euren Tag mit Schlafmangel verbringen, damit Ihr immer in einem gereizten Dämmerzustand seid, damit Ihr keine Klarheit darüber gewinnen könnt, in was für einer widerlichen Manipulation Ihr gefangen seid. Für die Ketzer gibt es harte Strafen. Die Köpfe der meisten Menschen habe ich eingefangen!

Der Glaube an mich ist das, was Euch wahrhaft glücklich macht. Ihr sagt Euch das. Wer das nicht tut, handelt sich massiv Ärger ein und wird von der Gesellschaft (meiner Gläubigen) ausgestoßen. Über meinem Territorium weht meine Fahne, auf dem das Symbol meiner Religion zu sehen ist. Wahre Gläubige tragen das Symbol um den Hals, damit sie jeder sofort als wahre Gläubige zu erkennen sind. Sobald ich die Mehrheit von Euch eingefangen habe, werden alle schief angesehen, die nicht wahre Gläubige sind. Es ist illegal, einen anderen oder keinen Glauben zu haben, denn ich mache die Gesetze. Überall Symbole meiner Macht, und das ›Volk‹ erzählt sich Wunderdinge, die ich und meine Gottheit getan haben. Eure Bildung und Erziehung ist nichts wert. Wissenschaftliche Erkenntnisse sind nur mir und meinem engsten Freundeskreis zugänglich, so dass wir allerlei Wunder tun können, damit Ihr die Natur des Hokuspokus nicht begreift. Je dümmer Ihr seid, desto leichter kann ich Euch regieren. Niemand will einen Ketzer wie Dich zum Freund haben, weil er um seine soziale Stellung in meiner Ordnung bangen muss.

Nun, wollt Ihr nicht kommen, und in meinem Reich leben? Ich bin die Zivilisation. Alles andere sind nur Wilde, wie es uns Sunkunika aufgetragen hat!

6.0.4 Abschied von der Gehirnwäsche

Ein guter Freund hat leider vor kurzem eine Gehirnblutung erlitten, die er glücklicherweise ohne Schäden oder Lähmungen überstanden hat. Die behandelnden Ärzte gaben ihm den guten Rat, er solle einfach bis zur vollständigen Genesung versuchen weniger nachzudenken und sein Gehirn nicht unnötig anzustrengen. Ein guter Rat – genau diesen Rat möchte ich allen Menschen in Spiegelschrift auf die Denkerstirn schreiben, auch wenn sie keine Gehirnblutung gehabt haben:

Versuchen Sie bis zu Ihrer vollständigen Genesung nicht mehr nachzudenken und vermeiden Sie es, sich durch mentale Unruhe unnötig anzustrengen.

Es ist unsere Freiheit mit uns selbst zu reden – laut oder stumm in Gedanken – und uns selbst Dinge zu sagen, uns selbst Befehle zu geben, uns zu beobachten, zu beschimpfen, zu verurteilen, uns zu sagen wie toll oder wie mies wir sind – oder es sein zu lassen. Meine persönliche Freiheit im Handeln, Denken und Glauben besteht darin, dass ich das nicht tue. Kann ich deswegen auf meine Religionsfreiheit pochen – die für mich Freiheit von jeglicher Religion und Doppeldenk bedeutet – und auf verinnerlichte Selbstkontrolle verzichten und mich lediglich von meiner Intuition und meinen Instinkten leiten lassen? Muss ich Verfolgung fürchten, wenn meine Religion darin besteht, dass ich ausschliesslich das tue, was mein Gehirn denkt und ich nicht daran denke, mich im Sinne anderer Menschen zu beherrschen? Es ist der Sinn der Selbstbeherrschung, dass ich mich selbst beherrsche, so wie andere das möchten! Die Religionsfreiheit ist nichts wert, wenn ich trotzdem dazu gezwungen werden darf, mich selbst zu beherrschen.

Freiheit von Gedanken, Gedankenlosigkeit ist ein Freiheitsrecht, das in kaum einer Gesellschaft besteht. Eine Person darf in den wenigsten Gesellschaften so sein und sich so verhalten, wie sie es von ihrer Natur aus möchte. Ist die Monogamie in vielen Kulturen natur- oder gottgegeben? Und warum verstossen dann so viele Menschen dagegen? Das ist der Stoff, aus dem viele menschliche Dramen und Tragödien entstehen.

Aus diesen Gesellschaftszwängen können wir letztendlich nur gemeinsam entrinnen, wenn viele Menschen zugleich aus ihr aussteigen. Es kommt auf mutige Menschen an, die ein Zeichen setzen, wie z.B. Rosa Parks. Am besten wäre es, wir täten das alle gemeinsam, dann gibt es keine Schwierigkeiten. Nun bin ich gespannt, ob man mich fragen wird, ob ich das für möglich halte. In einem unendlich großen Universum kann alles passieren. Wahrscheinlich ist es nicht. Eine Voraussetzung wäre, dass sich möglichst viele aus ihrem mentalen Käfig befreien. Dazu muss man unter anderem seine eigene Dummheit, Bequemlichkeit und Gewohnheit überwinden.

Um Serenität zu erreichen muss man die Angst überwinden, die sich einstellt, wenn man die bewusste Kontrolle über sich selbst aufgibt und stattdessen der intuitiven, autonomen Funktion des Gehirns vertraut.

6.0.5 Abschied von Hofstadters seltsamer Schleife

In seinem Buch »Ich bin eine seltsame Schleife« schreibt der Autor Douglas R. Hofstadter, dass ›der menschliche Geist‹, das ›Ich‹ oder ›Bewusstsein‹, ›Intellekt‹ etc. ein schleifenartiges Phänomen des Gehirns sei, das - ähnlich wie die Mathematik - einen quasi unerschöpflichen Symbolvorrat hervorbringen könne, wodurch das Gehirn in der Lage ist, Aussagen über sich selber zu treffen und sich quasi selbst zu bespiegeln. Dieser Vorgang der sprachlichen Selbstbespiegelung des Gehirns ist für Douglas Hofstadter positiv besetzt, er betrachtet das Phänomen der ›seltsamen Schleife‹ als ursächlich für die Bildung seines ›Ich‹ – daher auch der Titel: ›Ich bin eine seltsame Schleife‹. Hofstadter hätte auch ebenso sagen können: ›Ich bin die seltsame sprachliche Rückkopplungsschleife. Ich bin die imaginäre Intelligenz, die in meinen Selbstgesprächen zu mir spricht‹

Geist, Ich, Selbst, Seele, Bewusstsein: Die imaginäre Intelligenz hinter den Selbstgesprächen, die Geisterkranke mit ihrer inneren Stimme führen. Eine Wahnvorstellung, die sich vor seinen Zuhörern selbst als Vernunft bezeichnet.

Hofstadter hat das Phänomen der inneren Kommunikationsschleife treffend umschrieben, aber er betrachtet die Illusion des dadurch entstehenden ›Ich‹ als etwas positives, unverzichtbares. Das Ich, das ihm sagt, was er angeblich denkt, ist nur eine Illusion, die durch Sprache entstanden ist. Es ist eine fixe Idee. Ich jedenfalls habe mich von meinem sogenannten ›Ich‹ verabschiedet. Die Vorstellung ›Ich‹ ist nur ein Wort, eine Vorstellung im präfrontalen Cortex. Ich bin weder ein Gedanke, noch existiere ich als solcher.

Das Bewusstsein, das sich einstellt, wenn man die Illusion des Ich aufgibt, ist mit Worten wohl nur unzulänglich denen gegenüber zu vermitteln, die die Erfahrung dieses Wahrnehmungszustandes noch nicht gemacht haben. Es ist ein tiefes Gefühl von innerer Ruhe, Freiheit und mentaler Anstrengungslosigkeit. Man ist gleichzeitig ganz eins mit sich selbst und der realen, dinglichen Welt und fühlt sich dabei extrem glücklich, zumal, wenn es das erste Mal ist. Die volle Leistungsfähigkeit des Gehirns entfaltet sich, weil sie nicht durch die Illusionen des ›Geistes‹ gehemmt und getrübt ist. Erlebt man diesen Zustand zum ersten Mal, ist es wie eine Epiphanie, eine Offenbarung. So muss sich ein Vogel fühlen, der zum ersten Mal fliegt. Plötzlich wird man sich der Sinnlosigkeit und Bedeutungslosigkeit der willkürlichen Tätigkeit des illusionären ›Intellekts‹ bewusst, die Wahrnehmung macht einen Quantensprung und man erlebt ein tiefes Glücksgefühl. Alle Menschen sind dazu fähig, wenn sie aus ihrem mentalen Käfig aussteigen. Man möchte nie mehr in seinen Käfig zurück.

Serenität ist ein Bewusstseinszustand, in dem sich sowohl die kognitiven Fähigkeiten als auch die sinnliche Wahrnehmung gegenüber dem Alltagsdenken erweitert. Darin liegt nichts mysteriöses. Diese Bewusstseinserweiterung rührt lediglich daher, dass man sich von alltäglicher mentaler Anspannung und Anstrengung löst, die zuvor das Gehirn abgelenkt und beschäftigt hat, durch die Ressourcen zur Selbstmanipulation verbraucht wurden. Wenn man sich fortlaufend innerlich mit seiner mentalen Kraft anstrengt und das Gehirn mit Sprachprozessen belästigt, erreicht man einen inneren Krampfzustand, eine mentale Blockade. Die Tätigkeit des Gehirns ist keine Willensanstrengung, die man in den Sprache verarbeitenden Regionen des Gehirns leisten muss. Die

Ansicht, dass mentale Selbstgespräche echtes ›Denken‹ sind, ist eine gesellschaftliche Konvention. Entspannt man sich von dieser Sisyphusarbeit, dann fallen einem plötzlich und unvermittelt Lösungen für Probleme ein, über deren Lösung man sich vorher ergebnislos den Kopf zermartert hat, Lösungswege, an die man vorher nie gedacht hätte, die einfach und klar sind, und man weiß ›aus dem Bauch‹ heraus, ohne es vor sich selbst begründen zu müssen, warum es praktisch und richtig ist. Ich spreche hier nicht von diffusen Ideen oder Ansichten, sondern von konkreten Lösungen für konkrete Probleme. Wenn man vom oberflächlichen Alltagsdenken zum tiefen Denken kommt, erkennt man häufig, dass die ursprüngliche Herangehensweise für das Problem ursächlich war.

Das Problem der meisten Menschen ist, dass sie ihrem Gehirn keine Zeit lassen, wenn sie nicht spontan in jeder Situation eine zufriedenstellende Lösung parat haben. In ihrem Bewusstsein sind nur solche Situationen ›Probleme‹, auf die sie nicht sofort reagieren können. Die komplexen Aufgaben, die ihr Gehirn jeden Tag problemlos und anstrengungslos intuitiv bewältigt, nehmen sie gar nicht als ›Probleme‹ wahr. Wenn sie aber ein ›Problem‹ haben, dann rührt dieses Problembewusstsein daher, dass ihr Gehirn in dem Moment keine spontane ›Anwort‹ für die Problemstellung hat.

Sie erwarten aber in diesem Moment sofort von sich selbst eine Lösung – und deshalb fragen sie paradoxerweise spontan ihr Gehirn. So ›denken‹ die Schildbürger aus Schildburghausen. Dabei sind diese Fragen an sie selbst nur die Versprachlichung eines Problems, das sie nur deshalb versprachlichen, weil ihr Gehirn für die Situation spontan keine Antwort hat und sich dessen bewusst ist! Es ist gar nicht nötig, die Problemstellung zu versprachlichen, wenn man keinen Kommunikationspartner hat, den man fragen will. Das Versprachlichen bringt nichts, denn Bewusstsein für das Problem war schon vorher da. Sonst wäre man gar nicht in der Lage, die Problemstellung zu versprachlichen. Beim Versprachlichen der Problemstellung machen die Schildbürger aber viele Fehler, denn wenn das Problem nicht präzise versprachlicht ist, schränken sie die Ansätze zur Problemlösung ein.

Wenn man zum Beispiel nachts über ein Problem zu sich selbst redet, für das einem partout keine Lösung einfallen will, fällt einem vielleicht plötzlich und unvermittelt am anderen Morgen die Lösung ein, während man gerade ein Ei in die Pfanne haut. Man hat in diesem Moment gar nicht ›an das Problem gedacht‹ und trotzdem präsentiert das Gehirn die Lösung. Es war nämlich, als wir gerade nicht mit uns selbst geredet haben, gar nicht untätig. Durch unsere Selbstgespräche haben wir uns zuvor sogar blockiert. Vielleicht wäre uns die Lösung schon viel früher eingefallen, wenn wir unser Gehirn nicht mit nervigen Selbstgesprächen belästigt hätten!

Das Gehirn ist zwar kein Computer, aber ebenso wie bei einem Computer ist seine Leistungsfähigkeit nicht unendlich. Das Gehirn braucht zur Lösung komplexer Aufgaben Zeit und Informationen. Diese Bedürfnisse des Gehirns kann man nicht dadurch ersetzen, dass man wie ein Idiot mit seiner eigenen Stimme zu seinem Gehirn spricht. Ganz im Gegenteil – man erreicht dadurch eine Blockade des Gehirns. Die Selbstgespräche sind ein Stressor – ein Stress auslösender Faktor.

Ein Beispiel: Ich habe kein besonderes Talent dafür, mir Namen von Personen zu merken. Das ist in manchen sozialen Situationen ziemlich ungeschickt und hat dazu geführt, dass ich mich durch eine innere Willensanstrengung dazu bringen wollte, mich an die Namen von Personen zu erinnern, denen ich gerade begegnete. Indem ich aber versucht habe, mich in meiner seltsamen Schleife als eine Bibliothekarin zu benehmen, die in meinem Gehirn meine Erinnerungen verwaltet und in staubigen Karteikästen nach Namen sucht, habe ich mich verkrampft und mir sind die richtigen Namen umso seltener eingefallen, je mehr ich mich angestrengt habe. Gerade dann wenn ich meiner Intuition nicht vertraut habe, und überprüfen wollte, ob der vermutete Namen der richtige ist, habe ich die Namen verwechselt. Seitdem ich das nicht mehr tue, fallen mir die Namen viel besser ein und ich weiß intuitiv viel öfter den richtigen Namen, gerade dann, wenn ich nicht darüber nachdenke. Ich bin mir selbst angestrengt im Weg herumgestanden und habe mit meiner Anstrengung das Gegenteil erreicht.

Wenn ich in den Wahrnehmungszustand der Serenität komme, fällt mir dabei immer zuerst der Effekt auf, dass sich die Wahrnehmung meines optischen Gesichtsfeldes erweitert und das die Wahrnehmung für die Tiefe des Raumes sich intensiviert.

> Mit Gesichtsfeld bezeichnet man in der Physiologie und Augenheilkunde alle zentralen und peripheren Punkte und Gegenstände des Außenraums, die bei ruhiger, gerader Kopfhaltung und geradeaus gerichtetem, bewegungslosem Blick visuell wahrgenommen werden können, auch ohne sie direkt zu fixieren. `http://de.wikipedia.org/wiki/Gesichtsfeld`

Wer schon einmal größere Mengen Alkohol getrunken hat, hat vermutlich bemerkt, dass sich die Wahrnehmung des optischen Gesichtsfeldes immer mehr verengt – der Tunnelblick. Den gleichen Effekt hat man, wenn man ›in Gedanken vertieft ist‹ – auch dabei verengt sich das Gesichtsfeld. Gelegentlich stupst man mit dem Finger Leute an, die die Berührung gar nicht wahr nehmen, weil sie so intensiv in ihr Kopfkino vertieft sind. Das Kopfkino kann körperliche Illusionen und Sensationen mit einschliessen. Wenn man seine Aufmerksamkeit zu 10 Prozent auf das Denken konzentriert, bleiben noch 90 Prozent Aufmerksamkeit für die sinnliche Wahrnehmung des eigenen Körpers und der Welt um uns herum. Wenn man seine Aufmerksamkeit zu 90 Prozent auf das Denken konzentriert, bleiben für die Wahrnehmung von allem anderen nur noch 10 Prozent. Im Zustand der Serenität ist das Körpergefühl und die sinnliche Wahrnehmung vollständig und der innere Raum in dem zuvor das Denken stattgefunden hat, hat aufgehört zu existieren. Die innere mentale Anstrengung des Alltagsdenken verengt das Gesichtsfeld und schränkt die räumliche Wahrnehmung ein, als würde man beständig durch ein dünnes Milchglas schauen. Der Blick ist nicht klar und die Sicht eingeschränkt.

Serenität ist eine Lücke in der Wahrnehmung der Innenwelt, durch die das Licht der Aussenwelt intensiver und plastischer herein scheinen kann. Als ich diese Erfahrung in seiner ganzen Ausprägung – viel weiter als nur die erste Veränderung der optischen Wahrnehmung – zum ersten Mal gemacht habe, fühlte ich mich von dem Glücksgefühl so überwältigt, dass ich mich schnell anfing in meiner seltsamen Schleife zu sorgen, es könnte verschwinden. Es war eine Offenbarung für mich. Und genau in dem Moment, als ich begann mich zu sorgen, wann das Glücksgefühl enden würde, war es natürlich verschwunden. Vielleicht gelingt es hier, das Geheimnis dieses Seinszustands näher zu erklären und leichter zugänglich zu machen. Ich würde mich glücklich schätzen, wenn ich den leichteren Zugang zu dieser Erfahrung mit diesem Text ermöglichen würde, doch ich weiß, dass es mittels verbalen Erklärungen oder Beschreibungen nur schwer nachzuvollziehen ist.

Konzentration oder konzentriert sein heißt, ich richte meine Aufmerksamkeit auf etwas. Das heißt, auf eine Sache bin ich mehr konzentriert, weil ich meine Aufmerksamkeit auf alle anderen Dinge reduziere. Das Gegenteil von Konzentration ist nicht die Zerfahrenheit, Abgelenktheit oder Achtlosigkeit, sondern die Achtsamkeit – man könnte sagen: Die totale Konzentration auf alles, was sich sinnlich wahrnehmen lässt, zugleich – wenn das kein Widerspruch in sich wäre: Achtsamkeit bedeutet, dass man die Mühe der Konzentration, das bewusste Haushalten mit der Aufmerksamkeit, aufgibt. Abgelenkt ist man, wenn man seine Konzentration auf etwas anderes richtet, als auf den Gegenstand, auf den es gewünscht oder erforderlich wäre. Zerfahren oder unkonzentriert ist man, wenn die Konzentration zwischen unterschiedlichen Dingen beständig hin und her springt, und nicht längere Zeit an einem Gegenstand verweilt. Dagegen bedeutet Achtsamkeit, dass wir alle Dinge und auch uns selbst zugleich mit voller Aufmerksamkeit wahr nehmen. Konzentration bedeutet durch eine innere Anstrengung willentlich mit seiner Aufmerksamkeit zu haushalten, Aufmerksamkeit zu ›ökonomisieren‹, doch genau das bedeutet Serenität, Achtsamkeit eben nicht.

Achtsamkeit bedeutet: Die Schönheit eines Augenblicks nimmt uns gefangen, und doch sind wir uns selbst völlig gewahr, spüren den lauen Wind im Gesicht, am Hals und an den Händen, hören das leise Rauschen der Blätter, atmen genießerisch den Duft der Blüten ein und nehmen den feuchten Geruch der Erde im Walde wahr, spüren den Druck der Schwerkraft gegen unsere Fußsohlen, fühlen wie der Stoff der Kleidung die Haut anrührt, das leichte Kitzeln der Haare im Gesicht, das leise Gefühl aufsteigenden Hungers und das Verlangen nach körperlicher Berührung. Alles zugleich. Achtsamkeit ist das Gefühl, im Wald nach einem Sommerregen jeden einzelnen Wassertropfen von den Blättern der Bäume fallen zu hören. Serenität denkt nicht an eine einzelne Sache und vernachlässigt dafür alle anderen - so beschränkt und isoliert zu denken ist ›Sache des Geistes‹ – Hofstadters seltsamer innerer Endlosschleife. Serenität denkt an alle Sachen zugleich, berücksichtigt alles, was man weiß und doch ist sie leicht, schwerelos und anstrengungslos.

Wir verzweifeln, weil wir uns Mühe geben etwas zu erreichen, statt es mit einem Gefühl von Leichtigkeit anzugehen. Wir haben uns verloren, weil es uns darum zu tun ist, uns selbst zu finden. Wir haben die Kontrolle über uns selbst verloren, weil wir uns durch die Anstrengung der inneren sprachlichen Endlosschleife selbst zu beherrschen versuchen. Wir beherrschen uns durch die Selbstkontrolle im Sinne von anderen, die es geschafft haben, ihre Sache – Kontrolle über andere, Herrschaft über uns – zu ›unserer Sache‹, der Sache unseres imaginären inneren Freundes zu machen, mit dem wir uns identifizieren.

Wann hast Du, Mensch, zum letzten Mal alles was Du in jedem Augenblick mit Deinen Sinnen empfinden kannst mit größter Intensität wahrgenommen - und zwar alles zugleich? Und waren es nicht diese Momente, in denen Du - zum Beispiel beim Sex - so empfunden hast, die tiefen Glücksmomente Deines Lebens, von denen Du heute noch zehrst? Und fühlst Du Dich nicht, wenn die letzte Erinnerung an diese Glücksmomente aufgebraucht ist, so trostlos, als hättest Du nie wirklich gelebt?

Kontemplation – innere Ruhe – zu erreichen, gilt als der Weg zur vollen Achtsamkeit, zur Serenität. Das Ende des inneren Monologs.

> Innerer Monolog, auch als innere Stimme, innere Rede oder verbaler Bewusstseinsstrom bezeichnet, bedeutet in Worten zu denken. Es bezieht sich auch auf die semi-permanenten internen Monologe, die eine Person zu sich selbst auf einer bewussten oder unbewussten Ebene führt. Vieles, was Menschen bewusst als "darüber nachdenken" bezeichnen, kann als ein innerer Monolog, ein Gespräch mit sich selbst verstanden werden. Einiges davon kann als Generalprobe für eine Rede betrachtet werden.

Aus dem Artikel ›Internal Monologe‹ in der englischsprachigen Wikipedia [3]

6.0.6 Warum haben wir zuerst mit diesem inneren Monolog oder Dialog angefangen?

Stellen wir uns vor, da wäre eine Person, die uns begleitet, und die sehr viel erfahrener, klüger und viel besser ist als wir. Eine Person unseres absoluten Vertrauens, die immer viel besser als wir über alles Bescheid weiß und der wir blind vertrauen dürfen, weil sie uns lieb hat und immer nur in allem das Beste für uns will, ohne Hintergedanken zu verfolgen. Wir würden jederzeit sofort und ohne zu zögern oder zu hinterfragen alles tun was die Stimme dieser Person zu uns sagt. Auf die weisen Worte der Stimme dieser Person würden wir wohl genau in jeder Situation achten und ihr ohne zu zögern Folge leisten - schon alleine aus eigenem, egoistischem Interesse. Etwa, weil die Stimme dieser Person uns im richtigen Moment vor einer Gefahr warnt, die rechtzeitig zu erkennen wir selbst außer Stande waren. So eine weise und fürsorgliche Person möchte man immer dabei haben. Viel besser noch wäre es, sie wäre immer in uns, so dass wir uns immer mit ihr beraten können, auch wenn wir von Leuten umgeben sind, denen gegenüber wir unsere wahren Absichten nicht zeigen dürfen oder wollen. Solche tollen Begleitpersonen waren früher, als wir noch kleine Kinder waren, unsere uns aus tiefstem Herzen liebenden Eltern - zumindest hoffe ich sehr, dass wir alle das Glück hatten, solche Eltern zu haben. Liebende Eltern tun alles für ihr Kind, sie wollen für ihr Kind nur das Beste, weil sie an unserer Entzückung und Entwicklung die größte Freude haben. Als kleines Kind ist man auf sie angewiesen und man kann und darf ihnen vollständig vertrauen.

---

[3]Internal monologue, also known as inner voice, internal speech, or verbal stream of consciousness is thinking in words. It also refers to the semi-constant internal monologue one has with oneself at a conscious or semi-conscious level.

Much of what people consciously report »thinking about« may be thought of as an internal monologue, a conversation with oneself. Some of this can be considered as speech rehearsal.

http://en.wikipedia.org/wiki/Internal_monologue

Mithin können es aber auch die besten Eltern nicht leisten rund um die Uhr für uns da zu sein. Irgendwann erwachten wir in unserer Kindheit alleine im Dunkeln und stellten fest, dass ausser uns gerade niemand für uns da war. Ohne den Zuspruch, den Schutz, den Rat, die Hilfe und die Liebe unserer fürsorglichen Eltern haben wir uns einsam gefühlt und uns gefürchtet - etwa wenn unsere Eltern einmal ungestört von ihrem Nachwuchs Zeit verbringen wollten und wir alleine nicht schlafen konnten. Wir haben nach der Fürsorge unserer Eltern geschrien und geweint. Irgendwann haben wir nach Ersatz für den Zuspruch und die Anleitung durch die Stimme unserer Mutter oder unseres Vaters in uns selbst gesucht – in der Muttersprache, die wir von unseren Eltern gelernt haben. Nach dem Motto: D.I.Y. – mache es selbst – haben wir angefangen zu improvisieren und die Rollen von unseren Vorbildern gespielt. Wir haben mit unserer Stimme zu uns selbst in der Rolle unserer ratgebenden Eltern gesprochen und ihre Rolle übernommen. Improvisieren ist vom Ansatz her an sich schon richtig, nur ›selbst denken‹ heisst eben nicht, dass man zu sich selbst in der Rolle einer anderen Person spricht, und sich dabei Mühe gibt, sie sich klüger vorzustellen, als man selbst ist. Das klappt nicht.

Ist ein virtualisierter, improvisierter Gesprächspartner, den wir uns in unserer Phantasie vorstellen und mit dem wir Dialoge führen, oder dessen Monologen wir lauschen, klüger, genauso klug oder dümmer als wir selbst? Ein Denkprozess, durch den man einen sprechenden inneren Begleiter entstehen lassen kann, verbraucht Ressourcen – und die geistige Überhöhung, dass wir uns einen imaginierten inneren Freund schlauer vorzustellen versuchen, als wir selbst es sind, kann nicht gelingen. An dieser Stelle muss ich Douglas Hofstadter den Vorwurf machen, diesen Umstand bei seiner Erkenntnis der ›seltsamen Schleife‹ nicht erkannt zu haben. Die ›seltsame Schleife‹ ist eben deshalb seltsam, weil sie sinnlos ist. Wer sich selbst bewusst ist, muss sich seiner selbst nicht wortreich versichern. Wer etwas nicht weiß, findet nicht die richtigen Worte, um es sich selbst verständlich zu machen. Nicht der Einzelne profitiert von der ›seltsamen Schleife‹, sondern diejenigen, die sich der ›seltsame Schleife‹ von anderen bedienen, indem sie die seltsame Schleife programmieren. Willkommen in der Matrix! Weil die Vorstellung unseres imaginierten inneren Freundes Kraft, Nerven und Zeit kostet, sind wir beide – mein innerer Freund und ich (oder ich und meine zwei, drei, vier, vielen imaginären Freunde) zusammen dümmer als ich alleine, das eine und einzige Individuum, das anderen gegenüber ›Ich‹ sagt, wenn es sich selbst meint. Gerade weil viele Menschen durch ihre imaginären Freunde einsam und ratlos werden, suchen viele Menschen nach irgendetwas oder irgendwem, das ihnen aus dieser inneren Leere und Ratlosigkeit heraus hilft, an die Stelle ihres inneren Begleiters tritt und ihnen sagt wo es lang geht. Der imaginäre Freund braucht einen Souffleur von aussen!

Ich besitze kein ›Ich‹, genausowenig wie ich ein ›Wir‹, ein ›Du‹ oder ein ›grün‹ oder ein ›quietscht‹ besitze. Ich besitze vieles, aber an den einzelnen Worten der Sprache besitze ich kein Eigentum. Das Wort ›Ich‹ ist ein Personalpronomen, es zeigt auf die Person, die das Wort sagt oder schreibt. Hätten wir das Wort ›Ich‹ in der Sprache nicht, müsste ich am Imbiss sagen: »Elektra möchte gerne eine Portion Pommes-Frites«. Aber das wäre unpraktisch, wenn die Person hinter dem Tresen gar nicht weiß, dass ich Elektra heiße. Wenn ich ›Ich‹ sage, zeige ich damit an, dass das, was gesagt wird, sich auf die Sprecherin bezieht, ohne dass die angesprochene Person meinen Namen kennen muss. Deswegen heißt es auch Personalpronomen: Sie ersetzen den Namen. Ist die Stimme in meinem Kopf mir gegenüber ›Ich‹, weil sie die ganze Zeit zu mir von sich spricht und dauernd ›ich, ich, ich, ich‹ sagt?

Immanuel Kant hat geschrieben: »Habe Mut, dich deines eigenen Verstandes zu bedienen!«, aber das Gehirn braucht keine Bedienung und keine Kontrolle durch was oder wen auch immer – weder durch unsere eigene ›seltsame sprachliche Ich-Endlosschleife‹, noch durch die Kontrolle von anderen. Der ›Verstand‹ von dem Kant schrieb, ist lediglich eine Rolle, welche der ›sprechende innere Begleiter‹ spielt. Das gilt ebenso für das ›Gewissen‹, die ›Vernunft‹ etc.

Habt Mut, euch nicht der seltsamen sprachlichen Endlosschleife in eurem Kopf zu bedienen, um euch selbst zu verwirren. Die Selbstbeschäftigung mit der inneren Sprache beeinträchtigt die Fähigkeit unseres Gehirns, selbständig zu funktionieren. Habt Mut, euch ganz und gar dem selbständigen Tun Eures Gehirns anzuvertrauen, und hört nicht auf die Einflüsterungen eurer inneren Stimmen. Glaubt nichts von dem, was die Stimmen in eurem Kopf euch angeblich zu sagen haben. Hört nicht mehr auf die Einflüsterungen der Stimmen in euren Köpfen, fragt nicht mehr bei ihnen an, benutzt sie nicht mehr um euch selbst zu lenken und ihr seid wieder ganz bei euch selbst und ihr seid frei. Hören wir auf, Sklaven eines ›Geistes‹ und von sogenannten ›Gedanken‹ zu sein. Das Gehirn nimmt seine Tätigkeit nicht selbst wahr, es nimmt seine eigenen Prozesse der Informationsverarbeitung nicht wahr. Was wir in uns als Denken beobachten und wahrnehmen, ist Kopfkino, es sind Sprachprozesse in den Sprache verarbeitenden Regionen unseres Gehirns – die Selbstbeschäftigung der menschlichen Sprache in einer ›seltsamen [Feedback-]Schleife‹.

Wir alle haben als Kinder die innere Sprache als eine Art von mentaler Willenskraft in uns entdeckt, durch die wir uns in die Lage versetzt fühlten uns selbst zu leiten, so wie uns unsere Umwelt durch unsere Muttersprache geleitet hat. Haben wir also gelernt uns selbst beherrschen, in dem wir uns selbst in unserer Muttersprache Befehle geben?! Was für ein gravierendes, verheerendes Mißverständnis! Die Frage, ob diese innere mentale Sprache uns auf dem für uns richtigen Kurs steuert, hat sich uns nie gestellt, denn die Gesellschaft hat schon von Kindesbeinen an in unseren ›Geist‹ eingegriffen und die mentale Sprache für ihre eigenen Zwecke benutzt, um uns den ›richtigen‹ Kurs vorzugeben. Wir wollten uns durch die innere Stimme frei steuern – den angeblichen ›freien Willen‹ – aber die Gesellschaft hat uns klar gemacht, dass sie durch ihre Gewalt das Recht hat, bei diesem Gespräch mitzureden. Das nennt man die ›Stimme des Gewissens‹. Man hat uns durch unsere Beschäftigung mit der inneren Sprache – unseren ›Geist‹ – programmiert, indem man unsere innere Sprache programmiert hat. Die deutsche Sprache ist in diesem Punkt sehr verräterisch. Da wird von Stimmung, Verstimmung und Bestimmung gesprochen. Wie ist unsere Stimmung? Wie ist die Stimmung der Truppen der Regierung vor dem Angriff? Es geht der Erziehung, Moral, Religion usw. darum, dass unsere innere Stimme stets ›richtig gestimmt‹ ist.

> Wir dürfen nicht bei jeder Sache und jedem Namen, der Uns

> vorkommt, fühlen, was Wir dabei fühlen möchten und könnten, dürfen z.b. bei dem Namen Gottes nichts Lächerliches denken, nichts Unehrerbietiges fühlen, sondern es ist Uns vorgeschrieben und eingegeben, was und wie Wir dabei fühlen und denken sollen. Das ist der Sinn der Seelsorge, dass meine Seele oder mein Geist gestimmt sei, wie Andere es recht finden, nicht wie Ich selbst möchte. Wie viele Mühe kostet es einem nicht, wenigstens bei dem und jenem Namen endlich sich ein eigenes Gefühl zu sichern und Manchem ins Gesicht zu lachen, der von Uns bei seinen Reden ein heiliges Gesicht und eine unverzogene Miene erwartet. Das Eingegebene ist Uns fremd, ist Uns nicht eigen, und darum ist es »heilig«, und es hält schwer, die »heilige Scheu davor« abzulegen. Heutigen Tages hört man auch wieder den »Ernst« anpreisen, den »Ernst bei hochwichtigen Gegenständen und Verhandlungen«, den »deutschen Ernst« usw. Diese Art der Ernsthaftigkeit spricht deutlich aus, wie alt und ernstlich schon die Narrheit und Besessenheit geworden ist. Denn es gibt nichts Ernsthafteres als den Narren, wenn er auf den Kernpunkt seiner Narrheit kommt: da versteht er vor grossem Eifer keinen Spass mehr.
> Max Stirner »Der Einzige und sein Eigentum«

Wir sind natürlich nicht ausschliesslich eine exakte Kopie unserer Erziehung, ein detailliert vorbestimmtes Resultat, aber doch wohl in den entscheidenden Dingen in unserer Stimmung und unserem Verhalten beeinflusst. Die innere Selbstkontrolle zu hinterfragen stand nicht auf dem Lehrplan der schulischen, moralischen, politischen oder religiösen Erziehung. Jeder und jede hält sich durch den Irrtum des ›Geistes‹, die Selbstbespiegelung und Selbsttäuschung durch das sprachliche Meta-Ich für einzigartig – gerade so wie alle anderen um uns herum. Wir halten uns durch ein Verhalten für einzigartig, in dem wir gerade allen anderen gleichen!

So wie die Idole unserer Kindheit - zuallererst unsere Eltern, dann andere - mit uns geredet haben, so haben wir angefangen mit uns zu reden und ihre Rolle übernommen, aus denen wir dann im Laufe der Jahre unsere eigene Rolle geformt haben. Wir haben angefangen, Anleitung, Zuspruch und Rat in uns selbst zu suchen - in unserer eigenen Sprache, in unserer eigenen Stimme, weil sie immer da, weil sie immer für uns da war und nur unseren Zwecken dienen sollte – unter der Zuhilfenahme von Einflüssen von aussen.

Wir haben alle schon in unserer frühen Kindheit angefangen, mit unserer inneren Sprache in unserem Kopf in einen Kommunikationsprozess einzutreten und wir verwechseln diese Sprachprozesse in unserem Kopf mit »Denken«, bei denen wir unseren Kopf mächtig anstrengen.

>   Aber weh! es wandelt in Nacht, es wohnt, wie im Orkus,
>   Ohne Göttliches unser Geschlecht. Ans eigene Treiben
>   Sind sie geschmiedet allein und sich in der tosenden Werkstatt
>   Höret jeglicher nur und viel arbeiten die Wilden
>   Mit gewaltigem Arm, rastlos, doch immer und immer
>   Unfruchtbar, wie die Furien, bleibt die Mühe der Armen.
>   Bis erwacht vom ängstigen Traum, die Seele den Menschen
>   Aufgeht, jugendlichfroh, und der Liebe segnender Othem
>   Wieder, wie vormals, oft, bei Hellas blühenden Kindern,
>   Wehet in neuer Zeit und über freierer Stirne
>   Uns der Geist der Natur, der fernherwandelnde, wieder
>   Stilleweilend der Gott in goldnen Wolken erscheinet.
>
>   Höderlin, aus »Der Archipelagus«

Und sich in der rauschenden Werkstatt höret jeglicher nur der mit sich selbst redet!

Anfangs haben wir uns vielleicht wirklich nur vorgestellt, was unsere Eltern uns sagen und raten würden, um uns in dieser oder jener Situation zu helfen. Mithin beharrt aber in dieser Welt alles auf sich - alle beharren auf sich selbst und auf ihre eigenen Interessen. An die Stelle der Vorstellung unserer Väter und unserer Mütter als imaginäre Begleiter ist irgendwann die Vorstellung unseres Selbst getreten.

Unsere Eltern sind für uns als Kinder Idole. Sie sind Ideale, welche wir anhimmeln und ihnen nacheifern. Doch irgendwann fangen wir an, diese Idole vom Thron zu stossen und sie durch unser eigenes Ideal zu ersetzen. Wir möchten nicht mehr ohne zu hinterfragen Mamas oder Papas Liebling sein, da wir, wenn wir älter werden, auch die Schwächen unserer Eltern entlarven. Die Vorstellung unseres idealisierten Selbst ist unser eigenes Idol, unser Ideal und innerer Begleiter geworden und hat die Rolle von unseren äusseren Idolen übernommen. Der Prozess der Bildung unseres sprachlichen Meta-Ichs haben wir als zentralen Bestandteil unserer Ich-Werdung, unserer sich entwickelnden Individualität betrachtet. Weil das Idol, das wir von uns hegen, das verkörpern soll, was wir selbst gerne wären und wie wir gerne wären, so haben wir es ganz besonders lieb. Wir himmeln unsere eigene Projektion an und gehorchen ihr. Deshalb identifizieren wir uns ganz besonders intensiv mit der idealisierten Vorstellung von uns selbst. Auf die Stimme der idealisierten Vorstellung von uns selbst hören wir besonders gerne, ihr eifern wir besonders gerne nach.

Wir lieben das eingebildete Idol von uns selbst, weil es scheinbar das verkörpert – in Wirklichkeit aber nur bebildert – wer wir selbst gerne sein, wie wir uns selbst gerne sehen möchten. Darum lieben wir unsere Vorstellung von uns selbst mehr als unsere reale Existenz, mit der wir selbst niemals durch Sprache kommunizieren müssen – und doch ist gerade die Kommunikation mit unserem Idol, unserem sprechenden inneren Begleiter selbstverständlich. Wir können gar nicht mehr von ihr los lassen, wir können gar nicht ohne sie sein. Wir sagen uns vielleicht sogar vor, dass unser Idol unsterblich ist und schon vor der Entstehung unseres Körpers da war – und sonnen uns in der Vorstellung unsterblich zu sein! Dass unser Körper irdisch ist und irgendwann Würmern als Futter dient, das begreifen und wissen wir wohl. Aber wir sind ja eigentlich gar nicht bloss unser irdische Körper, sondern der nicht-irdische Geist der darin wohnt! Scharlatane verkaufen gerne Dinge wie die Unsterblichkeit, das Leben vor der eigenen Entstehung und nach dem Tode. Schliesslich ist noch niemand, der wirklich gestorben ist, zurückgekehrt und hat sich beschwert, dass alles nur ein Schwindel war. Was soll denn nach dem Tode weiterleben? Nichts anderes als unsere mentale Kraft, unser Meta-Ich, die Vorstellung von unserem ›Geist‹. Und damit wir, unser Geist, das Leben nach dem Tode bekommen, müssen wir uns – unser ›wahres Ich‹, das über unseren Körper herrscht, von Einflüsterungen böser Zungen rein erhalten und unseren Körpern zu vielen Dingen befehlen, die wir von Scharlatanen erhalten, welche angeblich das ewige Leben, die Wiedergeburt etc in ihrem Produktportfolio haben.

Die imaginäre Person, durch die wir in unserem Kopf mit uns reden –

unser Ego - ist unser Idol, unser Ideal, ist eine ideale Vorstellung von uns selbst, die wir anhimmeln und der wir folgen. Jeder versucht sich durch die Projektion dieses idealen Selbst seinem Ideal anzunähern: »Wenn ich mich groß, stark, intelligent, schön vor mir selbst vorstelle, werde ich bestmöglichst groß, stark, intelligent, schön.« Doch dieses Idol, dieses Ideal ist ein falscher Freund an dem die Gesellschaft sich ihr Mitspracherecht gesichert hat. Uns ein Idol in unserem Kopf vorzustellen, unseren Körper damit herumzukommandieren und es nachzuäffen versuchen, mit unserem Idol in einen Dialog zu treten und auf dieses Idol zu hören ist eine dysfunktionale Methode der Selbstverbesserung. Indem wir der Projektion unseres Idols folgen und ihm nacheifern gewinnen wir uns nicht selbst, wir verlieren uns selbst! Man muss keine Umwege gehen um zu sein.

Manche Leute haben ›gute Freunde‹, die ihnen helfen, sich selbst zu finden. Du suchst Dich selbst? Sieh mal unter meinen Bett nach, ob Du da nicht bist. Aber Vorsicht, da ist es dreckig und wenn Du da schon einmal vorbei kommst, kannst Du auch ein bisschen sauber machen. Du hast Dich da nicht gefunden? Nun, vielleicht könntest Du mal unter der Spüle nachsehen, da hat auch schon längere Zeit niemand mehr sauber gemacht.

Wir hätten gerne jemand, der uns in allem sagt, was wir tun sollen – und wenn wir niemand haben, der das macht, dann sagen wir es uns eben selbst, was wir tun sollen. Wir verhalten uns wie Einfaltspinsel, indem wir dieser Idee folgen,. »Ich mag zwar dumm sein, aber ich stelle mir eine kluge Person vor, die mir sagt, wo es lang geht! Ich habe einen Geist – mein Ich – und mein Ich ist klug. Mein Ich ist klüger als ich!«

Es war schon immer falsch, aus Einsamkeit die Rolle einer anderen Person zu spielen, die zu uns spricht. Wir dürfen uns selbst ebensowenig durch die Stimme im Kopf programmieren, wie andere versuchen uns über die Stimme in unserem Kopf zu programmieren. Auch Gangsteroder Rockerbanden haben ihr eigenes Programm – sie sind keinesfalls Menschen ohne Programm. Aber sie folgen ihrem eigenen Programm, das nicht weniger bizarr ist, als das Programm, das die Mehrheitsgesellschaft ausführt. Menschen ohne Programm im Kopf kann man lange suchen, auch unter gesellschaftlichen Außenseitern.

6.0.7 Beende das Programm und schaff' Dir kein neues an

Die Schwierigkeit, den Zustand der Serenität zu erreichen, liegt in der Angst davor begründet, sich nicht durch eine innere Willensanstrengung zu kontrollieren. Diese Vorstellung löst Ängste aus.

Wir empfinden es als ›Geistesfreiheit‹, wenn wir durch unseren ›Intellekt‹ frei über uns selbst zu verfügen, d.h. uns so beherrschen, wie wir es für richtig halten. Andere Menschen, unsere Gesellschaft, die Familie, der Staat fordern von uns ein Mitspracherecht an dem, wozu uns unser Intellekt treibt - sei es durch Gewalt, durch Überredung, Überzeugung, Bitten, durch Androhung unangenehmer Konsequenzen: Wir sollen uns durch unseren ›Intellekt‹ nicht alles erlauben, uns selbst nicht zu allem treiben, was uns passt. Wir sollen uns durch unseren ›Intellekt‹ auch selbst Handlungen, Freiheiten etc verbieten. Wir sollen uns auch durch unseren Intellekt gebieten, Dinge zu tun, zu denen wir eben keine Lust haben. Wir halten unseren ›Intellekt‹ für eine Errungenschaft, die es gilt, zu verteidigen!

Serenität heisst, sich der Kontrolle des Intellekts gänzlich zu entledigen – das heisst sich sowohl von den Versuchen zu befreien, sich selbst durch den ›Intellekt‹ zu kontrollieren, als auch von den Versuchen anderer auf ›unseren Intellekt‹ Einfluss zu nehmen. Meine Mutter sagte immer als Kind zu mir: Du musst Dich selbst kontrollieren, Du darfst Dich nicht gehen lassen. Ich aber sage: Du darfst nicht versuchen, Dich selbst zu kontrollieren – Du sollst Dich selbst gehen lassen. Sei von allen guten, bösen oder sonstigen Geistern verlassen. Sie sind ein Spuk, den Du nicht brauchst. Denn erst wenn man gar nicht mehr versucht, sich durch einen ›freien Geist‹ selbst zu kontrollieren, findet man zurück zu dem was die ganze Zeit da war: Dem eigenen nichtsprachlichen Ich, der realen Existenz, nicht der Interpretation des eigenen Lebens durch die Projektion eines ›Geistes‹ in der Sprache und durch die Gesellschaft.

Wir sind weder unsere eigenen Projektionen noch die Projektion der Gesellschaft. Wir sind. Wir leben unser Leben. Wenn Du Dich suchst, wende Dich an die Person, die nach Dir sucht.

Der Versuch, die Serenität mit Worten zu vermitteln ist schwierig, denn er löst in den Köpfen der Leser oder Zuhörer den Wunsch aus, etwas durch ihren ›Intellekt‹ zu erfassen, was für den ›Intellekt‹ nicht greifbar ist, da es zumindest die vorübergehende Abwesenheit des Intellekts erfordet. Sprachliche Abstaktionen können es uns nicht begreiflich machen, wie es ist, Dinge ohne sprachliche Abstaktionen zu begreifen und ohne sprachliche Abstraktionen im Kopf zu sein. Das kann nicht gelingen. Es ist für den erfolgreichen Versuch, Serenität zu kommunizieren, nicht zielführend, denn die völlige Abwesenheit abstrakter sprachlicher Vorstellungen ist die Bedingung für den Wahrnehmungszustand der Serenität. Wir können durch die Sprache zwar über Serenität reden und uns mit uns selbst darüber unterhalten, das bringt uns dem Wahrnehmungszustand und dem Verständnis aber nicht näher. Im Gegenteil. Was ich über Serenität weiß, haben mich nicht meine Gedanken gelehrt, sondern die Serenität selbst. Es bleibt mir also nichts anderes übrig, als den Seinszustand der Serenität zu beschreiben und zu erklären, warum der Weg zum Verständnis über die gedankliche Beschäftigung mit sprachlichen Abstraktionen ein Schritt in die falsche Richtung ist.

In dem Buch ›Momo‹ von Michel Ende gibt es ein schönes sprachliches Bild zu diesem Problem: Momo muss in der Niemals-Gasse rückwärts laufen um das Nirgend-Haus von Meister Hora zu erreichen.

> Momo versuchte es. Sie drehte sich um und ging rückwärts. Und plötzlich gelang es ihr, ohne jede Schwierigkeit weiterzukommen. Aber es war höchst merkwürdig, was dabei mit ihr geschah. Während sie nämlich so rückwärts ging, dachte sie zugleich auch rückwärts, sie atmete rückwärts, sie empfand rückwärts, kurz - sie lebte rückwärts!

Eine weitere Analogie: Wer in Treibsand gerät, sollte sich nicht hektisch bewegen um sich zu befreien, da man sonst die Sandkörner, auf denen man treibt in Bewegung setzt, dadurch die Reibung zwischen den Sandkörnern reduziert, den Untergrund dadurch aufweicht und noch tiefer einsinkt. Hektische Aktivität vergrößert das Schlamassel.

Serenität steht abseits unseres Alltagsdenkens, der ›diskursiven Tätigkeit des menschlichen Verstandes‹ in dem wir unablässig versuchen, uns durch unsere Sprache einen Begriff von den Dingen zu machen und uns durch Begrifflichmachung und bewußte Schlussfolgerungen selbst die Welt zu erklären versuchen. Diese bewusste oder unbewusste willentliche Tätigkeit in den Sprache verarbeitenden Regionen des menschlichen Gehirns wird allgemein als bewusstes ›Denken‹, als ›Ratio‹ angesehen. Wir tun das, um die Informationsverarbeitung in unserem Kopf ›selbst in die Hand zu nehmen‹ und entziehen sie damit den autonomen, unwillkürlichen, durch das Gehirn selbst gesteuerten, intuitiven Funktionsabläufen, da wir nicht (mehr) gewohnt sind, ihnen zu vertrauen. Wir lenken unser Bestreben in eine Richtung, in die wir vielleicht gar nicht wollen, weil wir uns selbst oder andere das eingeredet haben.

Intuition ist die Fähigkeit des Gehirns, Zusammenhänge zu begreifen, richtige Entscheidungen zu treffen, handlungsfähig zu sein ohne den willentlichen, diskursiven Eingriff in die Abläufe der Informationsverarbeitung unseres Gehirns. Der Intuition zu vertrauen gilt als eine weibliche Charaktereigenschaft, so lautet das Klischee. Der Ratio, bewussten logischen Schlussfolgerungen zu vertrauen, gilt laut diesem Klischee als männliche Eigenschaft. Frauen gelten als gefühlsbetont und den Dingen eher ergeben (hier dem Vertrauen an die unkontrollierte Funktion ihres Gehirns) während die Männer beim Denken die Prozesse gerne aktiv selbst ›in die Hand nehmen‹ und vermeintlich die Kontrolle in der Hand haben. Dabei handelt es sich bei dieser ›logischen Schlussfolgerung‹ um einen Zirkelschluss. Woher kommt denn der angeblich rational denkende 'Geist'? Er entspringt dem Gehirn – und behauptet einfach dreist in einem Akt der Selbstüberschätzung und unter der Ignoranz der Tatsache, dass er lediglich ein Produkt eben dieses Gehirns ist, er sei der ›Herr im Hause‹, in dem er dort lediglich herumlärmt und neben dem Chaos, das er anrichtet, für eine störende Geräuschkulisse sorgt.

Bei der Serenität handelt sich um den Zustand eines nichtsprachlichen

Bewusstseins, den wir uns selbst nicht rational durch ein ›sprachliches Bewusstsein‹, also durch das Hantieren mit sprachlichen Begriffen und Vorstellungen, begreifbar machen können. Das ›sprachliche Bewusstsein‹ ist eine Chimäre, es ist gar kein Bewusstsein, nur Gerede. Alle Worte, die wir oder andere für nötig befinden, dass wir sie uns selbst sagen, sind hohl, weil der Prozess des Selbstgesprächs hohl ist. Um das Verständnis leichter zu machen, nimm bitte einfach mal hypothetisch an, dass diese Aussage der Wahrheit entspricht, auch wenn Ihrem Verstand sogleich das eine oder andere Gegenargument einfällt:

> »Wohl kann ich mit anderen kommunizieren und andere können mit mir kommunizieren, aber der Versuch mit mir selbst erfolgreich zu kommunizieren, ist stets vergeblich, wenn diese Kommunikation einen positiven Effekt haben soll, auch wenn er viele andere Auswirkungen auf mich haben kann.«

Serenität ist eine Lücke im Gedankenstrom. Während wir uns träumerisch in einer Traumwelt oder gedanklich in einer Gedankenwelt bewegen, nehmen wir einen Fluss von Bewusstseinsinhalten, Erinnerungen, Gefühlen, Vorstellungen, Eindrücken wahr. Die Eindrücke unserer Innenwelt überlagern die Wahrnehmung der gesamten Welt durch unsere Sinne. Unsere Gedanken, unser Denken ist kein Sinn. Unsere Vorstellungswelt – insbesondere der verbale Strom des Bewusstseins – setzt sich aus sprachlichen Abstraktionen oder Erinnerungen der sinnlichen Erfahrung aus unserer realen Umwelt zusammen.

Der innere Raum, in dem das Denken sich abspielt, faltet sich beim Übergang in den Serenitätszustand zusammen und verschwindet. Er kehrt erst wieder, wenn wir wieder anfangen uns mental mit abstrakten Dingen zu beschäftigen (= nachdenken).

Der Zustand der Serenität ist die Abwesenheit jeglicher mentaler Vorstellungen, Bilder, gedanklicher Erlebnisse oder Eindrücke von innen. Unsere Vorstellungswelt überlagert die Wahrnehmung der realen Welt. Das ist analog zu betrachten wie eine doppelte Belichtung eines analogen Films, auf dem zwei unterschiedliche Motive abgebildet sind. Oder die transparente Überlagerung zweier verschiedener Bilder auf einem Computer. Man sieht wegen der Überlagerung weder das eine noch das andere Motiv ganz klar, oder nur in manchen Bereichen, in denen das jeweils andere Motiv völlig dunkel ist. Eine Doppelung in der Wahrnehmung bedeutet, dass das Gehirn mit der parallelen Verarbeitung von zwei Informationsströmen aus zwei Welten gleichzeitig beschäftigt ist. Wir sind damit in keiner Welt richtig präsent.

Mit der gesamten Welt ist nicht nur die Aussenwelt gemeint, also die ausserhalb unseres Körper stehende dingliche Welt in Raum und Zeit, sondern auch die sinnliche Wahrnehmung des eigenen Körpers. Im Zustand der Serenität ist man ganz eins mit sich und der Welt, und nicht nur die sinnliche Wahrnehmung der Umwelt ist intensiv, sondern genau so auch das eigene Körpergefühl.

Der von den Menschen durch sprachliche Abstraktionen und Vorstellungen erschaffene und auch nur dort existierende ›Geist‹ – das Meta-Ich, das nur ein sprachliches Konzept, im besten Falle eine hinlängliche Beschreibung unserer realen Erscheinung ist – betrachtet die Welt auf drei Ebenen. Das Meta-Ich sieht sich selbst als Kern der menschlichen Existenz. Dann kommt der eigene Körper, die reale physische Erscheinung, in dessen Besitz sich das Meta-Ich wähnt und den sich das Meta-Ich als Werkzeug und Wohnsitz ›denkt‹. Und dann, wiederum von sich und dem Körper abgetrennt, betrachtet das Meta-Ich die Aussenwelt. In der Vorstellung vieler Menschen kann das Meta-Ich unabhängig vom Körper oder Gehirn existieren. In Wirklichkeit ist das Meta-Ich nur eine Projektion, ein sprachliches Bild, eine idolhafte abstrakte Vorstellung, die viele Menschen mehr lieb haben, als ihre reale Erscheinung in der materiellen Welt. Der Glaube, dass das Meta-Ich ein erhabenes, intelligentes, selbständiges Wesen sei, ist nur ein Götzenglaube, ist Selbstbetrug, eine Selbsttäuschung.

Serenität bedeutet also in der realen und unteilbaren Welt vollständig präsent zu sein. Unsere Innenwelt ist auch Teil der realen Welt, aber sie ist selbst nie real. Sie ist nur Vorstellung, Abstraktion. Sie kann bestenfalls eine Annäherung an die Realität sein, die Realität näherungsweise wiederspiegeln oder völlig von ihr abweichen. Das Bild, dass viele Menschen in ihrem Meta-Ich von sich selbst projiezieren weicht völlig von der Realität ab. Ihre kognitive Dissonanzreduktion, die Lügen, die sie sich selbst einreden, schützen sie vor dem harten und lehrreichen Kontakt mit der Realität. Damit ist ihnen der Weg verschlossen, endlich die Konsequenzen aus ihrem Fehlverhalten zu ziehen. Serenität ist das exakte Gegenteil von Introspektion – dem Blick nach innen. Sie ist nicht gleich zu setzen mit Konzentration, denn Konzentration bedeutet die gerichtete Fokussierung der Aufmerksamkeit auf eine Sache. Das aber bedeutet, die Aufmerksamkeit von allen anderen Dingen abzuziehen und sie zu Gunsten einer anderen Sache zu verlagern. Dagegen bedeutet Serenität die uneingeschränkte Aufmerksamkeit auf alle Dinge – mit Ausnahme der geistigen – die unsere sensorische Wahrnehmung uns präsentiert.

Die diskursive, willenliche Beschäftigung mit Dingen durch sprachliche Abstraktionen ist sequentiell – in einer Reihe abfolgend, weil ein sprachlich manifestierter Ausdruck im inneren Monolog/Dialog an den nächsten Ausdruck anknüpft. Die Informationsverarbeitung im Gehirn verläuft dagegen massiv parallel, nicht sequentiell. Die meisten Menschen glauben, sie hätten durch den sprachlichen inneren Diskurs mit geistigen Abstraktionen innerhalb ihres verbalen Bewusstseinsstromes einen höheren Zustand von Weisheit erreicht. In Wirklichkeit sitzen sie in einem Auto ohne Motor und machen Brummgeräusche, während sie mit den Füßen über den Boden scharren.

Es ist viel leichter, in einem Selbstgespräch von einem unangenehmen Thema in ein anderes, angenehmeres Themas zu wechseln, als die innere Beschäftigung mit Selbstgesprächen aufzugeben. Der deutsche Wikipedia-Artikel über Kontemplation enthält einen Abschnitt, in dem gesagt wird, dass völlige innere Ruhe – auch nur für einen kurzen Moment – nur schwer zu erreichen ist. Völlige innere Ruhe für eine längere Zeit zu erreichen – etwa für einen ganzen Tag – erscheint gläubigen Menschen als viel zu schwer, um erstrebenswert zu sein. Sie sind der Meinung, es sei besser, das gar nicht erst zu versuchen, und füllen ihre Vorstellungswelt daher lieber mit ›universeller Liebe‹ oder ›der Liebe zu Gott‹:

> Der Rinzai-Zen-Buddhismus, einige New-Age-Bewegungen und

> das dem westlichen Lebensstil angepasste Eckankar gehen davon aus, dass es hilfreicher sei, eine innere Betrachtung, zum Beispiel liebevoller Gedanken, Postulate oder von Menschen die man liebt, aber auch einer Weisheit beziehungsweise eines Sinnspruches mit in die Kontemplation zu nehmen, als zu versuchen, den Geist vollkommen zu leeren. Diese Technik soll dem Gläubigen zum einen die Möglichkeit verleihen sich mit universeller Liebe anzufüllen, andererseits wird so der Erkenntnis Rechnung getragen, dass eine vollkommene Stille im mentalen Bereich kaum zu erreichen und noch schwerer aufrechtzuerhalten ist. Insofern haben sich also bestimmte esoterische Schulen des Konzeptes der Kontemplation als eines einfacheren Weges zur Erleuchtung bedient.
> http://de.wikipedia.org/wiki/Kontemplation

An dieser Stelle drängt sich die Fabel von Äsop vom Fuchs und den Weintrauben auf: Der Fuchs kommt nicht an die Weintrauben, weshalb er sich sein Unvermögen mit den Worten schön redet, die Trauben, die er nicht kosten kann, seien ohnehin nicht der Mühe wert. Ein schönes Beispiel für kognitive Dissonanz und ihre vermeintliche Reduktion.

Dabei erfordert das Erreichen der Serenität keinerlei Aufwand, sondern das volle Vertrauen in die Fähigkeit des Gehirns, unsere Geschicke ohne unser Zutun selbständig in die bestmögliche Richtung zu lenken.

Wer Serenität erreichen will, muss lernen das volle Vertrauen in seine tierisch-menschliche Natur – das ›Es‹ im Strukturmodell der menschlichen Psyche bei Sigmund Freud – wieder zu gewinnen. Dem stehen aber moralische, kulturelle oder religiöse Überzeugungen entgegen, welche sich seit Jahrtausenden Mühe geben, die menschliche Natur, unsere natürlichen Instinkte und Triebe zu verteufeln. ("Homosexualität ist unnatürlich" – aber zahlreich im Tierreich vertreten. »Selbstbefriedigung führt zu Schwachsinn« – und Flöten werden auf der Wiese wachsen, solange die Nachtigall singt.) Als weiteres Beispiel sei hier nur der christliche Glaube an die ›Erbsünde‹ genannt.

Im Freudschen Strukturmodell der menschlichen Psyche ist diese internalisierte Fremdkontrolle durch äussere Zwänge (Moral, Kultur, Religion, weltliche Gesetze) die Sache des sogenannten ›Über-Ichs‹, während die Rolle der willentlichen Kontrolle des eigenen menschlichen Denkens, Fühlens und Verhaltens durch den ›Intellekt‹ dem sogenannten ›Ich‹ zukommt. Das ›Über-Ich‹ nimmt Einfluss auf das ›Ich‹. Doch diese beiden Komponenten des Freudschen Strukturmodells existieren nur durch und mit der Sprache, sie sind erdachte Komponenten eines Modells.

Serenität ist das Gegenteil von innerer Zerrissenheit, innerer Unruhe, die Belästigung durch den ›Mann im Ohr‹, Getriebenheit, Anspannung, Stress, ständiger Selbstbeobachtung und Selbstkontrolle. Die meisten Menschen belästigen sich darüber hinaus selbst und bis in ihr intimstes Tun mit Fragen. Man könnte in Anlehnung an den Psychiater Krafft-Ebing sagen, dass Nachdenken, Grübeln, Sinnieren, sich-Sorgenmachen eine Zwangsvorstellung in Frageform ist. Man kann jede Frage, die man sich selbst im Ernst stellt immer mit dem gleichen Satz beantworten, oder gleich darauf verzichten, sich mit sich selbst zu unterhalten (was ja das sich-selbst-Fragen-stellen einschliesst):
Um diese Frage zu beantworten, müsste ich mit mir selbst reden.

Es mag moralisch verwerflich sein, sich zu betrinken oder sich auf andere Weise diese seltenen Momente des Glücks zu verschaffen. Aber es kann nicht unmoralisch sein, wenn Menschen danach streben glücklich zu sein, denn sonst ist alles Gerede von Moral, Gesetzen und dem Streben nach dem Guten nur leeres Geschwätz – oder, was noch schlimmer wäre, eine bewusste Lüge, mit der man Menschen in einer inneren Gefangenschaft hält.

Versucht man bei Tieren zu überprüfen, ob sie ein Selbstbewusstsein haben, indem man sie vor einen Spiegel stellt und beobachtet, ob sie ihr eigenes Abbild erkennen, so muss ich über jene Mitmenschen sagen, die sich mit dem Bewusstsein unterhalten, das sich in ihrer eigenen Stimme spiegelt: Sie haben den intellektuellen Spiegeltest nicht bestanden.

›Gehen Sie bitte umgehend zurück auf die Baumschule.‹

Das Denken, als Vorausgesetztes, ist ein fixer Gedanke, ein

Dogma. Dein Denken hat nicht das Denken zur Voraussetzung, sondern Dich. Vor meinem Denken bin - Ich.

Ich bin aber weder der Champion eines Gedankens, noch der des Denkens; denn Ich, von dem Ich ausgehe, bin weder ein Gedanke, noch bestehe Ich im Denken. An Mir, dem Unnennbaren, zersplittert das Reich der Gedanken, des Denkens und des Geistes.

Ich bin Ich, und Du bist Ich, aber Ich bin nicht dieses gedachte Ich, sondern dieses Ich, worin wir alle gleich sind, ist nur mein Gedanke. Ich bin Mensch und Du bist Mensch, aber Mensch ist nur ein Gedanke, eine Allgemeinheit – weder Ich noch Du sind sagbar, Wir sind unaussprechlich, weil nur Gedanken sagbar sind und im Sagen bestehen.

Wer einen Gedanken nicht los werden kann, der ist soweit nur Mensch, ist ein Knecht der Sprache, dieser Menschensatzung, dieses Schatzes von menschlichen Gedanken. Die Sprache oder das Wort tyrannisiert uns am ärgsten, weil sie ein ganzes Heer von fixen Ideen gegen uns auffährt. Beobachte Dich einmal jetzt eben bei deinem Nachdenken, und Du wirst finden, wie Du nur dadurch weiter kommst, daß Du jeden Augenblick gedanken- und sprachlos wirst. Du bist nicht etwa bloß im Schlafe, sondern selbst im tiefsten Nachdenken Gedenken- und sprachlos, ja dann gerade am meisten. Und nur durch diese Gedankenlosigkeit, diese verkannte Gedankenfreiheit oder Freiheit vom Gedanken bist Du dein eigen. Erst von ihr aus gelangst Du dazu, die Sprache als dein Eigentum zu verbrauchen. Ist das Denken nicht mein Denken, so ist es bloß ein fortgesponnener Gedanke, ist Sklavenarbeit oder Arbeit eines Dieners am Worte.

Max Stirner »Der Einzige und sein Eigentum«

Kapitel 7

Anleitung zum Glücklichsein

Am Ende einer langen philosophischen Diskussion über den Zustand der Serenität taucht oft die Frage nach einem Rezept oder einer Anleitung auf, wie man innere Ruhe erreichen kann. Ich antworte dann: »Die Frage ist falsch gestellt. Eigentlich möchte man fragen: Welche mentalen Anstrengungen kann ich unternehmen, um den Zustand der mentalen Anstrengungslosigkeit zu erreichen?«

Natürlich keine – kaum ist die Frage richtig gestellt, liegt die Antwort auf der Hand! Anstrengungslosigkeit kann man nicht durch Anstrengung erreichen. Man erlangt Erkenntnis nicht durch willentliche Anstrengungen im Vorderlappen des Großhirns – durch keine bewusste innere Anstrengung. Das hat schon seit dem Beginn der Geistesgeschichte nicht funktioniert und das wird auch in Zukunft nicht funktionieren. Den einzigen Weg, den man zeigen kann, ist der Weg der Erkenntnis. Allerdings muss man dazu im Laufe der Zeit eine eingeschliffene Gewohnheit los werden, die nahezu unwillkürlich und größtenteils unbewusst stattfindet. So etwas wird man nicht mal eben auf einen Schlag komplett los. Man kann es sich aber natürlich auch nicht selbst bewusst machen – jeder Versuch wäre zwecklos, denn entweder ist es uns bewusst, es wird uns bewusst, oder eben nicht – da wären wir schon wieder bei dem ersten Trugschluss, der am Anfang stand: Was einer Person nicht bewusst ist, kann sie sich auch nicht selbst durch eine innere Anstrengung bewusst machen. Wer das von sich selbst verlangt, verlangt von sich selbst das Unmögliche. Von sich selbst stets das Unmögliche zu verlangen und darauf zu bestehen, erscheint mir so recht die geeignete Methode zu sein, um völlig am Rad zu drehen. Seid realistisch, verlangt von Euch selbst das Unmögliche?! Das kann nicht sein. Wie sollte man denn das erreichen? Und wenn man sich dabei ertappt, dass man sich gerade eben noch wegen des langsamen Fortschritts auf dem Weg zur Serenität Selbstvorwürfe gemacht hat, hat man wieder einen kleinen Fortschritt gemacht – aber eben nicht, weil man sich Selbstvorwürfe gemacht hat, sondern weil einem die Selbstvorwürfe bewusst geworden sind. Selbstkontrolle, Selbstvorwürfe, Selbstbeherrschung – das führt nirgendwo hin.

Wann hast Du gelernt, dass das, was die meisten Zeitgenossen unter ›Denken‹, ›Nachdenken‹, ›Gedanken machen‹ verstehen, nichts anderes als eine Unterhaltung mit einem imaginären Gegenüber im Vorderlappen ihres Großhirns ist? Dass Denken mit Denken absolut nichts gemeinsam hat, ausser die Ressourcen des Gehirns zu verbrennen und Dich und Deine Zeitgenossen dumm, programmierbar und verführbar zu machen? Schaue nur auf die Katastrophen, die Menschen mit solch einem Bewusstsein permanent anrichten. Tausende sogenannte Gedanken entstehen und erscheinen jeden Tag in ihrem Kopf. Sie führen innere Dialoge über sich selbst, das eigene Verhalten, das Verhalten der anderen, die ganze Welt, über das was gestern war und das was morgen, nachher, in fünf Minuten sein wird. Sind die Selbstgespräche positiv fühlen sie sich gut, sind sie negativ fühlen sie sich schlecht. Hoffnungslosigkeit und Depression, Größenwahn und Überheblichkeit liegen nahe beieinander. Amerikanische Forscher haben dieses Verhalten als ›Internal Chatterbox‹ – innerer Plapperkasten – bezeichnet und daraus den Schluss gezogen, dass man bei negativen Selbstgesprächen zurück reden soll! Gäbe es eine Göttin, so würde ich mir wünschen, sie würde Hirn vom Himmel werfen!

Der Psychologe Arno Gruen hat festgestellt, dass unterwürfige Menschen sich einbilden, an der Macht beteiligt zu sein, derer sie sich unterwerfen. Nach dem Motto: »Ich habe mich Dir unterworfen, also musst Du gut auf mich aufpassen.« Man sieht unter anderem an den Massengräbern der Weltkriege, wie toll das funktioniert, wenn man sich anderen als Verbrauchsmaterial ausliefert. Um dem Fass die Krone aufzusetzen, hassen die untertänigen Menschen ihre eigenen Gefühle dafür, dass diese nicht mit ihrer Unterwürfigkeit in Einklang zu bringen sind. Das führt zu Selbsthass – und wo könnte man den besser los werden, als an anderen?

Mein Plan für die Weltrevolution: Die gesamte Menschheit in einen permanenten Flowzustand versetzen. Wirklich, das ist mein voller Ernst – deshalb, und nur deshalb, habe ich dieses Buch verfasst (und so einiges andere auch).

Wenn Du Dich fragst, warum Du nicht mit Deinen Selbstgesprächen aufhören kannst, so lautet die Antwort: »Weil Du Dich fragst.«

Wenn Du mich fragst, warum Du nicht mit Deinen Selbstgesprächen aufhören kannst, so lautet die Antwort: »Weil Du zuerst Dich gefragt hast, bevor Du Dich entschlossen hast, mich zu fragen.«

Indem man versucht, etwas zu sein, was man nicht ist, verliert man sich. Erst wenn man aufhört, nach etwas zu streben – und hier gehört ausdrücklich auch der Zustand der Serenität dazu – kann man etwas erreichen. Indem man zu dem zurückkehrt, was man ist. Wir müssen uns keinen Millimeter bewegen, um zu uns selbst zurückzufinden.

Unsere Erziehung hat uns gelehrt, dass es nicht genügt, zu sein, wer wir sind. Und, weil wir brave Schüler waren, haben wir gelernt, mit der Stimme im Kopf von uns zu verlangen, zu sein, was wir nicht sind. Es geht nicht darum, nach etwas anderem zu streben, das wir nicht sind, sondern darum, zu sein. Ausserdem muss man aufhören, die Tatsache zu verdrängen, dass man in äußerer Unfreiheit lebt. Solange man weiterhin Tatsachen wie diese vor sich selbst zu verbergen versucht, wird es nichts mit der ›Erleuchtung‹.

Allein kann man nicht glücklich sein, man muss auch die anderen befreien. Die besten Ideen und Erkenntnisse gewinnt man nicht, wenn man mit sich selbst darüber redet, sondern wenn man es nicht tut. Andere können einem dabei helfen. Das Rätsel der eigenen Existenz kann man nur lösen, wenn man nicht darüber nachdenkt. Dann erkennt man, dass schon die erste Frage, die man sich gestellt hat, falsch war. Wie Jiddu Krishnamurti es so schön formuliert hat, ist die Wahrheit ein Land ohne Strassen, Pfade und Wege.

Aus diesem Zustand aufzuwachen ist ein Prozess. Die Schwierigkeit ist, dass repressive Gesellschaften alles tun, um uns daran zu hindern, davon frei zu werden.

Der Mensch stirbt und auch sein Ego stirbt. Und manchmal, unter glücklichen Umständen, stirbt das Ego vor dem Menschen.

Nachdem man diese Erkenntnis gewonnen hat, bleibt nichts weiter zu tun, als zu warten, bis der Nebel im Kopf sich legt und sich angenehme Gesellschaft zu suchen und schöne Dinge zu tun.

www.ingramcontent.com/pod-product-compliance
Lightning Source LLC
Chambersburg PA
CBHW072211170526
45158CB00002BA/556